Word Excel PowerPoint

高效爆量

500招

PCuSER研究室◎著

Chapter 5 圖片與表格編輯技巧   40

Chapter 6 文件列印技巧   51

Part 2 EXCEL 圖表試算

Chapter 1 檔案及視窗管理技巧   56

Chapter 2 儲存格與工作表   61

Chapter 3　表單編輯技巧　69

Chapter 4　函數公式與樞紐分析　78

Chapter 5　檔案安全性設定　90

Chapter 6　版面設定與列印技巧　94

Part 3 PowerPoint 簡報高手

附錄 WORD & EXCEL 入門進階超活用筆記

Office 各版本工具列快速比較 W P X

Office 365 的操作介面，基本功能與 Office 2010 相似，將繁瑣的操作介面簡化，以直覺化的呈現方式讓使用者一目了然，更方便進行各項設定。

Office 365 同時也增加了多項新功能，例如：繪圖、編輯器以及聽寫……等等功能。

此外，Office 365 還新增了「自動儲存」及「Microsoft 帳戶」的功能，讓使用者能夠透過雲端的方式共享 Office 文件。

➤ 不同 Office 版本的工具列差異

— Office 2007

▲ Office 2007 在工具列上做了很大的變革

— Office 2010

▲ Office 2010 大致上沿用 2007 的工具列，並將左上方的 Office 按鈕整合到【檔案】活頁標籤

— Office 365

▲ Office 365 和 2010 並無太大不同

Office 365 與 Office 2021 的差異

微軟新版的 Office 365 與 Office 2021 兩者介面其實大同小異，主要差別在於每個月付費（訂閱制）或是一次買斷。

- Office 365 為「訂閱制」的軟體，每個月（或每年）支付一定的費用即可使用，並隨時享有最新的功能、修正與安全性更新及長期不斷的技術支援。除了擁有 1TB 的雲端儲存空間外，還能在所有裝置上安裝 Office 365 並同時登入五部裝置。
- Office 2021 則是「買斷型」的單機版軟體，跟之前其他版本的 Office 一樣支付一次的費用即可使用。只能安裝在一台電腦且無法升級，如果想要升級至下一個主要版本則須以軟體的完整價格購買。

Word 文件編輯

Word 365 主視窗操作簡介

❶ **活頁標籤**：點選不同的活頁標籤，即可打開所屬的功能群組。

❷ **功能群組**：不同功能群組中，提供多種不同的操作設定功能及按鈕。如圖按下【常用】活頁標籤，即可打開「剪貼簿」、「字型」、「段落」及「樣式」等功能群組，供使用者進行各項功能的操作。

❸ **狀態列**：主要顯示目前文件的相關資訊，如頁數、字數、語言及輸入狀態等。

❹ **快速存取工具列**：使用者可以根據個人操作習慣，把常用的功能加入「快速存取工具列」中，讓操作更為迅速方便。

❺ **標題列**：顯示文件的檔案名稱和類型。

❻ **帳戶**：顯示使用者的 Microsoft 帳戶，並可切換不同的帳戶。

❼ **視窗控制按鈕**：設定視窗的最大化、最小化或關閉視窗。

❽ **說明**：使用者可在此查詢 Word 操作上的各項問題。

❾ **尺規**：顯示垂直和水平尺規，方便使用者對檔案進行編輯設定。

❿ **垂直捲軸**：拖曳垂直捲軸，可以瀏覽文件中的不同頁面。

⓫ **檢視按鈕**：依據編輯需求，可以切換到「閱讀模式」、「整頁模式」、「Web 版面配置」、「大綱」及「草稿」等不同的檢視模式。

⓬ **顯示比例**：用於設定檔案編輯區域的顯示比例，使用者可透過拖曳滑桿或按滑桿兩旁的＋－按鈕，進行文件顯示比例的縮放。

⓭ **文件編輯區**：Word 文件的主要編輯區域。

Chapter 1
自訂順手的編輯環境

Word 365 有很多可以自訂的操作介面，你可以把工具列改成自己比較順手的模式、加上平常比較會用到的功能。另外還有一些有助於編輯檔案的設定，例如自動儲存檔案的間隔、自訂檔案的預設存檔位置……等。活用這些個人化設定，會讓你工作起來更有效率！

Trick 01 自訂快速存取工具列

在使用 Office 365 時，可以自行設定「快速存取工具列」中的按鈕，把常用的按鈕放進來，把不需要的按鈕移除，讓操作更方便快速。

Step1

按下「快速存取工具列」右側的 ▾ 按鈕，在下拉選單中，勾選要增加的選項，在此以【新增】為例。返回視窗後，即可看到剛剛勾選的工具鈕出現在「快速存取工具列」裡。

(Tips) 若要移除該工具按鈕，只要將工具名稱前面的勾勾取消即可。

Trick 02 進階設定快速存取工具列

除了在「快速存取工具列」下拉選單中常用的工具按鈕選項外，還可以自行設定增加其他的工具按鈕，以提高工作效率。

Step1

按下「快速存取工具列」右側的 ▾ 按鈕，在下拉選單中點選【其他命令】。跳出「Word 選項」對話盒後，按下「由此選擇命令」的下拉選單，在選單中點選【所有命令】。

(Tips) 按下「自訂快速存取工具列」下方的〔重設〕→【重設所有自訂】，會跳出「刪除此程式的所有功能區與快速存取工具列的自訂」對話盒，按下〔是〕，即可恢復預設的設定內容。

Step2

接著即可從選單中點選要增加的工具按鈕選項，再按下〔新增〕。此時在右側「自訂快速存取工具列」清單中，就會顯示增加的工具按鈕，最後按下〔確定〕，返回視窗後，在「快速存取工具列」中就會顯示剛剛增加的工具按鈕。

Tips 在功能區任一工具按鈕上按一下滑鼠右鍵，並從快速選單中選取【新增至快速存取工具列】，亦可將該工具按鈕加入「快速存取工具列」中。

Trick 03 利用迷你工具列快速進行設定

在 Office 365 中，選取任何一段文字後，會出現一個半透明狀的「迷你工具列」，方便使用者對選取的文字進行各種設定。

Step1

在文件中選取一段文字，然後將游標移到所選取的文字上，此時會出現「迷你工具列」，只要點選該工具列上的任意一個選項按鈕，即可對選取的文字進行設定。

Step2

如果不想要在選取文字後顯示「迷你工具列」，可按下【檔案】→【選項】。開啟「Word 選項」對話盒後，在「一般」選項頁面中，將「選取時顯示迷你工具列」前的勾勾取消，再按下〔確定〕即可。

Tips 「迷你工具列」是為方便進行格式設定，所以無法針對工具列中的功能進行增刪。

Trick 04　善用快速鍵執行各項功能

在 Office 365 操作介面中的活頁標籤、工具按鈕及功能群組中的指令，都有對應的快速鍵，使用者可直接透過鍵盤操作，以節省工作時間。

Step1

開啟 Word 後，按下鍵盤中的 Alt 鍵，在活頁標籤和快速存取工具列下方，都會出現相對應的快速鍵。

> Tips 此時只要再按一次 Alt 鍵，或按一下滑鼠左鍵，就可取消顯示快速鍵。

Step2

按下活頁標籤的快速鍵後，便跳到該活頁標籤，並出現底下各功能相對應的快速鍵，即可直接透過鍵盤執行各項功能哦！

> Tips 快速鍵的部分，並沒有大小寫的區別。

Trick 05　即時預覽設定效果

在 Word 365 中有「即時預覽」的功能，方便使用者能在變更字型、大小、樣式或色彩等設定的同時，就即時預覽變更後的效果。

Step1

首先選取一段文字，接著在【常用】活頁標籤的【字型】群組中「文字醒目提示色彩」的下拉選單。

> Tips Word 預設狀態下是啟用「即時預覽」功能。

Step2

接著將游標移到色彩選單中的任一色塊上，被選取的文字就會即時顯示變更後的效果。將游標從色彩選單移開後，被選取的文字就會回復成原本的設定。

(Tips) 按下【檔案】→【選項】開啟「Word 選項」對話盒，然後在「一般」選項頁面中取消勾選「啟用即時預覽」，再按下〔確定〕即可取消即時預覽的功能。

Trick 06 快速開啟最近使用的文件

通常我們會針對正在編輯中的文件進行開啟，如果想要開啟之前使用過的文件，Office 365 會幫我們把最近開啟過的文件列在一起，讓我們更快速地找到最近使用的文件。

Step1

點選【檔案】，捲動垂直卷軸即可看見最近開啟的文件。

(Tips) 也可以從【檔案】→【開啟】看到最近開啟的文件。

Step2

另外，在「最近」按下文件名稱後方的圖釘圖示 📌，使其變成 📌 狀態，即可將該文件固定顯示在清單中。

(Tips) 這項設定雖然方便我們開啟剛編輯過的文件，但相對也容易讓別人知道我們最近編輯過哪些文件。

Trick 07 設定每隔幾分鐘自動儲存檔案

如果常因太過專心編輯文件而忘記存檔，有時會發生好不容易打了一堆卻突然當機只好前功盡棄好想砸了電腦的悲劇。為了降低悲劇發生造成的損失，就需要設定這項每隔幾分鐘自動存檔的功能。

Step1

點選【檔案】→【選項】，開啟「Word 選項」對話盒後，在「儲存」選項頁面中勾選「儲存自動回復資訊時間間隔」，並在後面方框中輸入自動存檔的時間，再按下〔確定〕按鈕即完成。

Trick 08 自訂檔案預設開啟與存檔位置

一般而言，Office 預設的文件開啟與儲存位置，是在「Documents」這個資料夾。當然我們也可以根據個人作業習慣，自行變更預設的資料夾位置。

Step1

點選【檔案】→【其他】→【選項】，開啟「Word 選項」對話盒後，在「儲存」選項頁面中按下「預設檔案位置」右側的〔瀏覽〕。

Step2

在「修改位置」對話盒中，選取我們想要做為預設的資料夾位置後，再按下下方的〔確定〕即完成。

(Tips) 若想恢復預設的檔案儲存位置，方法和修改預設儲存位置相同。

Chapter 2

Word 檔案基礎操作

在 Word 365 中，承襲了之前 Word 許多檔案管理的功能，如利用現有範本建立新文件、一次開啟多個文件、將常用文件格式存成範本、儲存文件中使用的特別字型……等。學完本單元之後，相信就如同練了內功心法一樣，外表上也許看不出有多厲害，卻可以讓功力更深厚喔！

Trick 01 利用現有範本建立新文件

在 Word 365 中，提供了更多現成的文件範本，我們若能利用這些文件範本直接套用到我們的新文件中，不但大幅節省作業時間，製作出來的文件感覺也會更專業哦！

Step1

點選【檔案】→【新增】，此時即可選擇想要的範本。

Tips 我們也可以直接點選「空白文件」，開啟一份完全空白的文件。

Step2

利用垂直捲軸找到合適的範本，點選後會跳出預覽頁面，按下〔建立〕，即可依範本格式新增一個新的文件檔案。

Trick 02 搜尋並下載更多文件範本

儘管在 Word 365 中提供了近六十種的文件範本，但找來找去就是找不到最合適的文件範本。千萬別氣餒，利用中間「搜尋線上範本」方塊，輸入想要的範本類型，有成千上百種不同類型的文件範本等著我們來套用哦！

Step1

點選【檔案】→【新增】，在「搜尋線上範本」方塊中輸入範本類型後按下開始搜尋 🔍 按鈕。

Step2

從各類型範本中找到合適的範本後，點選並按下〔建立〕，即會套用所選的範本樣式，建立新的文件。

Trick 03 開啟檔案前先預覽文件內容

如果從文件名稱中看不出來是否是我們想編輯的，這時候可以透過預覽文件內容的功能，在開啟檔案之前先預覽文件內容。

Step1

按下【檔案】→【開啟】→【瀏覽】，此時會跳出「開啟舊檔」對話盒，找到要開啟的文件後，按下右上方「顯示預覽窗格」🔲 按鈕。

> (Tips) 可以透過前面介紹過的技巧，將「開啟」工具按鈕新增到「快速存取工具列」中，便能夠加快開啟舊檔的速度。

Step2

接著在對話盒右側，就會出現該文件的預覽情形，這樣子就不必等到開啟檔案後，才能確認是否該檔案為我們要編輯的文件。

(Tips) 若要回復原本的顯示狀態，只要再按一次右上方「顯示預覽窗格」 ▭ 按鈕即可。

Trick **04** 一次開啟多個檔案

有時候我們可能需要同時開啟好幾份文件一起進行編輯，如果能學會一次開啟多個檔案的技巧，就可以加速我們開啟檔案的速度哦！

Step1

按下【檔案】→【開啟】→【瀏覽】，跳出「開啟舊檔」對話盒後，先點選要開啟的第一個檔案，然後按住鍵盤上的 **Ctrl** 不放，再點選其他要開啟的檔案，使其呈反白狀態，最後再按下〔開啟〕，就可以一次開啟多個檔案。

(Tips) 在選取第二個以上的檔案時，切記要按住 **Ctrl** 鍵不放，否則只會剩下所選取的最後一個檔案。

Trick **05** 將檔案儲存成舊版本也能開啟的格式

雖然已經都推出到 Office 365 版本，不過周遭朋友還是有很多人在使用 Office 2007 或更久的版本，使得這些人無法在舊版本中順利開啟我們編輯的文件。這時候我們可以把文件儲存成舊版本也能開啟的格式，讓大家都能開啟文件。

Step1

按下【檔案】→【儲存檔案】，此時頁面會切換到【另存新檔】，按下〔瀏覽〕。

(Tips) 可以透過快速 **F** 鍵 + **S** 鍵，或將「儲存檔案」工具按鈕新增到「快速存取工具列」中，兩種方法都能加快儲存檔案的速度。

Step2

打開「另存新檔」對話盒後，選擇要儲存檔案的資料
夾，並輸入要儲存的檔案名稱後，按下「儲存類型」
的下拉選單，並從選單中選擇【Word 97-2003 文
件】，再按下〔儲存〕即可。

(Tips) 只有在第一次對文件進行「儲存檔案」操作時，才
會打開「另存新檔」對話盒。Word 預設將檔案儲存在
「我的文件」中，預設檔案名稱為「文件 1」，預設「儲
存類型」為「Word 文件」。

Trick 06 將儲存格式預設為「Word 97-2003 文件」格式

如果周遭朋友太多人都還是使用舊版本的 Word 時，我們可以乾脆把 Word 的文件格式預設值改成舊
版本相容的格式，就不必每次存檔時都要特別去變更文件格式了。

Step1

點選【檔案】→【選項】，並將「Word 選項」對話
盒切換到「儲存」選項頁面。

(Tips) 可以透過快速鍵速 F + T，或將「Word 選項」
工具按鈕新增到「快速存取工具列」中，都能加快開啟
「Word 選項」對話盒的速度。

Step2

在「儲存」選項頁面中按下「以此格式儲存檔案」旁
的下拉選單，選擇【Word 97-2003 文件 (*.doc)】後
按下下方的〔確定〕，即可把文件存檔的預設格式改
成舊版本也能開啟的格式了。

(Tips) 預設成「Word 97-2003 文件 (*.doc)」的格式後，
有些 Word 365 獨特的特殊效果將會無法正確顯現。

Trick **07** 把檔案儲存到雲端

Office 365 可以讓我們把編輯的文件直接存取到網路空間上,如此一來無論何時何地只要連上網路,就能繼續編輯我們的文件,而且也不必擔心電腦硬碟壞掉而文件跟著毀損的慘劇哦!

Step1

文件編輯完成後,點選左上方自動儲存旁的「關閉」按鈕,然後按下「OneDrive- 個人」。

Step2

接著會跳出「文件名稱」對話盒,輸入文件名稱後按下〔確定〕,即可開啟自動儲存的功能囉!

Tips 儲存在網路上的檔案,還可以設定權限,和他人共同編輯哦!

Trick **08** 將文件儲存成 PDF 檔

很多時候我們不希望自己辛苦完成的文件被人家任意更動,或是希望文件能夠跨平台開啟。這個時候我們需要借助神奇的 PDF 格式,但是該如何把 Word 文件變成 PDF 檔呢?現在直接用 Word 365 就能辦到囉!

Step1

文件編輯完成後,點選【檔案】→【匯出】選項頁面,然後點選「建立 PDF/XPS 文件」,並按下右邊的〔建立 PDF/XPS〕,輸入檔名後按下〔發佈〕即完成。

Tips 也可以在儲存檔案時,在「儲存類型」下拉選單中直接選擇【PDF】。

Trick 09 將常用文件格式存成範本

我們固然可以透過各種範本建立文件，但是如果因為工作或學校報告需求而有特殊格式時，我們也可以把自己辛苦編輯的文件儲存成範本，下次要製作同一格式的新文件時，便能利用範本直接修改唷！

Step1

開啟要存成範本的文件後，按下【檔案】→【另存新檔】，在「另存新檔」對話盒中按下「檔案類型」旁的下拉選單，然後選取【Word 範本】，輸入範本名稱後按下〔儲存〕，即可將此文件儲存為範本文件了。

Tips 將檔案以【Word 範本】類型進行儲存時，副檔名會自動更改為「.dotx」。

Trick 10 儲存文件中使用的特別字型

明明設定好字型，怎麼到別台電腦字型都不一樣了？其實 Word 能將字型和文件儲存在一起，讓其他沒有安裝相同字型的電腦，也能看到和我們電腦裡同樣的字型哦！

Step1

依序點選【檔案】→【選項】，並將「Word 選項」對話盒中切換至「儲存」選項頁面。

Tips 也可以在「另存新檔」時點選左下方的〔工具〕→〔儲存選項〕。

Step2

勾選頁面下方的「在檔案內嵌字型」，並將底下兩個「只嵌入文件中使用的字元」和「不要內嵌一般系統字型」也都一併勾選，最後按下〔確定〕。

Tips 由於中文字型通常在 5MB 以上，執行本項功能後文件會變得較大，請特別留意。

Trick 11 在文件中顯示段落與格式符號

如果希望文件在編輯時，能顯示一些標記及列印選項進行相關設定，如定位字元、空白、段落標記、物件錨點等等，可以自行設定是否顯示這些標記。當然，不管顯示與否，這些標記都不會被列印出來！

Step1

依序按下【檔案】→【選項】，開啟「Word 選項」對話盒後切換到「顯示」選項頁面，接著勾選想要顯示的標記，勾選完畢按下〔確定〕即完成。

Tips 可以依據個人需求，在「頁面顯示選項」、「在螢幕上永遠顯示這些格式化標記」和「列印選項」三個區塊中，進行相關設定。

Trick 12 設定文件的預設字型

對於經常需要以特定字型編輯 Word 文件的朋友來說，每次編輯好都還要再手動變更字型，實在很麻煩。其實我們可以自行設定開啟新文件的預設字型，以方便作業哦！

Step1

開啟一份新文件，先點選【常用】活頁標籤，然後再按下「字型」群組旁的 ⌐。開啟「字型」對話盒後，先設定要使用的預設字型，然後按下〔設定成預設值〕。

Tips 按下鍵盤上的 Ctrl + D 鍵，也可開啟「字型」對話盒。

Step2

接著會出現「Microsoft Word」對話盒，選擇「以 Normal 為範本的所有文件」後按下〔確定〕，下次開啟新的文件時，就會使用自行設定的字型預設值了。

Tips 文件開啟時若同時按下 Shift + F5 鍵，會跳到文件上次最後編輯的位置。

Chapter 3
文件編輯必備技巧

在編輯文件的過程中，除了複製、貼上文字等常使用的基本功能外，還有一些實用的技巧，像是善用 Office 剪貼簿、尋找取代文件中的文字、將文件簡繁體中文互轉……等，一旦學會之後，將使我們在編輯文件時更加順手快速。

Trick 01 快速移動與複製文字

編輯文件時常需要重複輸入相同文字，一般人會用「複製」、「貼上」的方法來複製文字，其實只要用滑鼠輕輕拖曳，也能輕鬆移動或複製文字喔！

Step1

先選取要複製的文字，然後按住滑鼠右鍵不放，拖曳到目標位置後放開滑鼠右鍵，接著從快速選單中點選【移到這裡】，所選取的文字就會移動到目標位置上；若點選【複製到這裡】，就可以將選取的文字複製到目標位置上。

Tips 如果利用【檢視】→「並排顯示」同時顯示兩份文件，還可以將選取的文字進行跨檔案的複製或移動哦！

Trick 02 從「剪貼簿」中複製文字

在 Word 365 中，剪貼簿的功能一共可以儲存 24 組文字內容呢！趕快來看看如何運用這麼神奇的「剪貼簿」功能吧！

Step1

在 Word 剪下或複製資料後，這些資料會儲存在 Office 剪貼簿中。按下【常用】活頁標籤→「剪貼簿」群組旁的 ⬚，即可開啟 Office 剪貼簿窗格。

Tips 「Office 剪貼簿」可儲存來自 Word、Excel、PowerPoint、Outlook 等 Office 軟體的資料。

Step2

接著在視窗左邊會出現「剪貼簿」窗格，可以先將游標移到要複製的位置上，然後再點選「剪貼簿」窗格要複製的項目內容即可貼上。

（Tips）若想刪除剪貼簿中部分的項目內容，只要在其上按滑鼠右鍵，然後從快速選單中點選【刪除】即可。

Trick 03 複製文字格式

有時為了讓文件的層次結構更一目瞭然，我們會需要對標題文字等進行字型、大小、加粗或顏色等格式上的變化。當我們要在文件其他地方運用相同的文字格式時，可以利用複製的概念，只複製文字的格式，而維持原本的文字內容。

Step1

選取要複製格式的文字 後，按下【常用】活頁標籤中「剪貼簿」群組的「複製格式」鈕，此時滑鼠游標會變成 樣子。

Step2

將游標移到要變換文字格式的文字 B 上，然後按下滑鼠左鍵並拖曳，即可將文字 A 的格式複製到文字 B 上，而不改變文字 B 的內容。

（Tips）如果需要大量複製文字 的格式，可以連點兩下「複製格式」鈕，進行連續性的格式複製，完成後按 Esc 鍵即可。

Trick **04** 尋找檔案中的特定文字

在文件編輯過程中，如果要更改或編輯文件中的特定文字，可以利用「尋找」這項技巧，在文件中找到特定文字後，再來進行編輯。

Step1

依序按下【常用】→「編輯」→「尋找」，此時左側會出現「導覽」窗格，在底下的方框中輸入要尋找的文字，然後按下〔確定〕鍵。

> **Tips** 直接按下鍵盤上的 `Ctrl` + `F` 鍵，同樣也會出現「導覽」窗格。

Step2

如果尋找的內容是英文字，同時希望大小寫能相符時，可以按一下方框旁的下拉選單，然後點選【選項】。接著在「尋找選項」對話盒中，勾選「大小寫須相符」，最後按下 `Enter` 鍵，此時所有相符的文字，全部都會以反白狀態標示出來。

> **Tips** 若文件中相符的文字有好幾個，可以按下旁邊的 `∧` 及 `∨`，即可移至上一筆或下一筆搜尋結果。

Trick **05** 快速切換到指定的頁面

如果編輯的文件頁數很多時，想要切換到某一頁就會變得很費力。其實不必捲軸一頁頁拉，也能很快地將文件切換到指定的頁面哦！

Step1

依序點選【常用】活頁標籤→「編輯」群組中「尋找」旁的下拉選單，再從下拉選單中選取【到】，會跳出「尋找及取代」對話盒。

> **Tips** 按下鍵盤上的 `F5` 鍵，也會跳出「尋找及取代」對話盒。

Step2

將「尋找及取代」對話盒切換到〔到〕活頁標籤，並在下面點選「頁」，然後在「輸入頁碼」方框中，輸入要切換的頁碼後，按下〔到〕，就會立即跳到這一頁。

(Tips) 在頁碼數字前加上「＋」或「－」符號，可以跳到目前頁數的前幾頁或後幾頁。

Trick 06 快速製作項目符號

有時文件內為了讓標題或項目更能吸引人注意，會在每條項目前加上顯眼的項目符號，在 Word 365 中，不但能使用一般符號作為項目符號，還可以用圖片來當作項目符號，替文件增色不少喔！

Step1

將游標移到要加入項目符號的位置，然後按下【常用】→「段落」群組中「項目符號」☱▾旁的下拉選單，並點選【定義新的項目符號】。

(Tips) 如果要在項目前面加上數字或序號編號，則是按下「項目符號」右邊的「編號」☷▾按鈕。

Step2

開啟「定義新的項符號」對話盒後，可以選擇要用符號或圖片做為項目符號，依需求選好符號後按下〔確定〕按鈕，即可插入自訂的項目符號。

(Tips) 在「定義新的項符號」對話盒中的「對齊方式」，可調整設定項目符號要靠左、置中或靠右對齊。

Trick **07** 幫文字加上注音符號

如果文件的閱讀對象是小朋友，可能需要幫內容文字加上注音符號。在 Word 365 中，我們可以很輕易就幫每個文字都加上注音符號哦！

Step1

選取需要增添注音符號的中文字，接著按下【常用】活頁標籤→「字型」群組中的「注音標示」中釒 按鈕。

Step2

在「注音標示」對話盒中會逐字將預設讀音標示出來，如果有破音字或發現預設讀音錯誤的部分，可以進行修改，確認無誤後按下〔確定〕即完成。

(Tips) 在「注音標示」對話盒中還可以針對注音符號的對齊方式、位置、字型及大小進行調整，並可在底下的窗格中進行即時預覽。

Trick **08** 快速幫文字加上圈圈或方塊

有時為了強調文件中的部分文字，會在文字外圍加上圈圈或方塊，在 Word 365 中，也可以很輕鬆地幫文字加上外框。

Step1

先選取要加上外框的文字，然後按下【常用】活頁標籤→「字型」群組中的「圍繞字元」字 按鈕，此時會跳出「圍繞字元」對話盒。

(Tips) 此功能一次只能選取一個中文字，或是兩個數字或兩個英文字母哦！

Step2

在「圍繞字元」對話盒中，可以選擇外框的樣式，要縮小文字或是保持文字大小而放大外框。另外在「圍繞符號」中可以選擇外框要用圈圈、方框、三角形或菱形，選好後按下〔確定〕即完成。

Trick 09 繁簡中文快速轉換

在兩岸三通的年代中，簡體中文已經不時出現在日常生活當中，也很有機會把文件進行繁簡體的轉換。在 Word 365 中，不但能幫我們把文字從繁體變簡體，或從簡體變繁體，連不同的用詞也會一併進行轉換。

Step1

開啟文件後，切換至【校閱】活頁標籤，可以在「中文繁簡轉換」群組中的找到「繁轉簡」及「簡轉繁」的按鈕，按下要轉換的按鈕後整份文件馬上就會變成另一種中文版本了。

(Tips) 若是只要轉換部分文字，可以先選取這些文字後，再按「繁轉簡」或「簡轉繁」。

Step2

按下「繁簡轉換」按鈕後會出現「中文繁簡轉換」對話盒，按下其中的〔自訂字典〕，還可以新增要轉換的常用詞彙。

(Tips) 若同時有多筆詞彙要新增，可以利用下面的〔匯入〕、〔匯出〕進行批次的新增。

Trick 10 快速輸入各種方程式

在舊版本的 Word 中，最頭痛的莫過於要在文件中輸入數學運算的方程式了。在 Word 365 中，新增了插入方程式的功能，管它再千奇百怪的方程式，也都保證難不倒！

Step1

切換至【插入】活頁標籤，並在「符號」群組中按下「方程式」按鈕。

Step2

此時會出現【方程式工具】活頁標籤，並且有各式的方程式格式、符號及排列型式等，幾乎所有型式的方程式都可以利用點選的方式編輯出來。

延伸學習　重要快速鍵重點提示

功能	快速鍵	功能	快速鍵
選取整份文件	Ctrl + A	剪下	Ctrl + X
快速輸入粗體字	Ctrl + B	複製	Ctrl + C
快速輸入斜體字	Ctrl + I	貼上	Ctrl + V
快速輸入文字底線	Ctrl + U	靠左對齊	Ctrl + L
快速縮小字型	Ctrl + Shift + <	置中	Ctrl + E
快速放大字型	Ctrl + Shift + >	靠右對齊	Ctrl + R
快速插入版權符號©	Ctrl + Alt + C	左右對齊	Ctrl + J
快速插入商業符號®	Ctrl + Alt + R	分散對齊	Ctrl + Shift + J
快速插入公司符號™	Ctrl + Alt + T	顯示/隱藏編輯標記	Ctrl + *

Chapter 4
版面設定技巧

一份美觀的文件，除了要有精采的內容，合適的字型、字距、行距等版面設定也是相當重要的。Word 在這部分的設定，即使是初學者也可以輕鬆學得會，馬上製作出精美又專業的文件。除了基本設定外，還有一些好用的技巧，例如首字放大、一頁多欄、製作目錄，加上封面、加上浮水印、製作稿紙樣式……等等，都可以幫文件變得更專業喔！

Trick 01 替文字或段落加上外框

有時候在文件中，幫部分的文字四周加上外框或網底色彩，都可以使這些文字更加突顯醒目呢！

Step1

先選取要加上外框的文字或段落，然後依序按下【常用】活頁標籤→「段落」群組中「框線」按鈕旁的下拉選單，並從下拉選單中點選【框線及網底】。

> **Tips** 點選下方的〔水平線〕，可以在文件中插入各式各樣的水平分隔線。

Step2

此時會跳出「框線及網底」對話盒，在【框線】活頁標籤中，即可從「設定」方塊中點選框線樣式。另外，也可以分別在「樣式」、「色彩」、「寬」旁的下拉選單中，選取框線的樣式、色彩及寬度。

> **Tips** 在預覽窗格中可以即時預覽框線設定後套用的結果。

Step3

如果要移除外框，只要在【框線】→「設定」中
點選「無」，再按下〔確定〕即可。

(Tips) 在「套用至」下拉選單中，可以選擇外框要套
用在選取文字或是整個段落上。

Trick 02 替文字或段落加上網底

除了幫文字或段落加上外框，另一個突顯文字的技巧就是幫文字或段落加上各種顏色的網底。

Step1

先選取文字或段落後，依序按下【常用】活頁標
籤→「段落」群組中「框線」下拉選單→【框線
及網底】選項，開啟「框線及網底」對話盒。

Step2

切換至【網底】活頁標籤，即可在「填滿」下拉
選單選取網底的顏色，「網底」中選取網底的樣
式及色彩，在右側預覽窗格中可以預覽設定的效
果，完成後按下〔確定〕即完成。

(Tips) 如果要移除網底效果，則是在「填滿」中選擇
「無色彩」即可。

Trick 03 設定文件首字放大

將段落的第一個字放大，以突顯一篇文章的開始，這種效果常用於報紙或雜誌，在 Word 365 中也可以輕鬆製作出這樣的效果喔！

Step1

將游標移到該段落上，點選【插入】活頁標籤→「文字」群組中的「首字放大」按鈕，從下拉選單中點選【繞邊】或【靠邊】兩種排列方式即可。

Tips 從下拉選單中點選【首字放大選項】，還可以針對「字型」、「放大高度」及「與文字距離」進行個別調整。

Trick 04 自動產生頁首及頁尾

有時我們會希望一份文件中，在每一頁頁首或頁尾的地方加上一些說明文字，像是文章標題、作者或是頁碼等，當然，聰明的 Word 365 是不會讓我們一頁一頁逐頁添加這些資訊的。

Step1

點選【插入】活頁標籤→「頁首及頁尾」群組中的「頁首」按鈕，然後在下拉選單中選擇合適的頁首樣式。

Tips 如果找不到合適的頁首樣式，還可以點選【來自於 Office.com 的其他頁首】找到更多的頁首樣式，或是點選【編輯頁首】，自行編輯設定頁首格式。

Step2

進入頁首編輯狀態後，可以直接在「輸入文字」方框中輸入固定文字，或是利用【頁首及頁尾工具】活頁標籤，插入各項參數。編輯完成後，按下「關閉頁首及頁尾」或者 Esc 鍵，即可看到文件每一頁都加入了設定的頁首或頁尾。

Tips 按下「頁首及頁尾工具列」上的「移至頁尾」按鈕，可以切換到頁尾編輯模式。

Trick 05 讓奇偶數頁的頁首、頁尾不同

學會製作頁首頁尾的技巧,接著來看看更進階的,讓文件中奇數頁和偶數頁的頁首、頁尾顯示不同的內容,可以讓文件列印出來時感覺更專業哩!

Step1

依上一個 Trick 的方式進入頁首編輯狀態後,在【頁首及頁尾工具】活頁標籤中,勾選「奇偶頁不同」,再按下〔確定〕,就可以針對奇數頁和偶數頁,進行不同的頁首頁尾編輯了。

(Tips) 如果希望首頁的頁首頁尾也不同,則勾選「首頁不同」。

Trick 06 在文件中加入頁碼

當製作的文件頁數一多時,為了避免在列印裝訂時,文件的前後順序搞混,最好能在文件中加入頁碼,以方便辨識。

Step1

依序按下【插入】活頁標籤→「頁首及頁尾」群組中的「頁碼」按鈕,在下拉選單中依頁碼置放的位置,選擇合適的頁碼樣式。

(Tips) 如果找不到合適的頁碼樣式,還可以點選【來自於 Office.com 的其他頁碼】。

Step2

在選單中點選【頁碼格式】,除了可以設定頁碼的「數字格式」外,還可以設定「起始頁碼」要從第幾頁開始。

(Tips) 在下拉選單點選【移除頁碼】,可以把設定好的頁碼移除掉。

Trick **07** 快速製作浮水印

有時為了強調文件的機密性或緊急性，會在文件蓋上浮水印，這種特殊的浮水印效果，在 Word 365 中只要輕輕用滑鼠點個兩下，就可以輕鬆製作出來。

Step1

開啟文件後，依序點選【設計】活頁標籤→「頁面背景」群組中的「浮水印」按鈕，即可從下拉選單中選取內建的浮水印樣式。

(Tips) 也可以在下拉選單中點選【來自於 Office.com 的其他浮水印】，尋找更多的浮水印樣式。

Step2

另外還可以在下拉選單中點選【自訂浮水印】，並從「列印浮水印」對話盒中點選「圖片浮水印」或「文字浮水印」，然後進行浮水印的相關設定，設定好之後按下〔確定〕按鈕即完成。

(Tips) 為了避免列印時浮水印對文件的內文產生閱讀上的干擾，最好選擇淺一點的色彩，以及避免太複雜的圖片。

Trick **08** 調整文字之間的距離

有時候將文字之間的距離調寬一點，可以使文件看起來更清爽易讀。接著看看在 Word 365 中，如何調整文件中文字之間的距離，讓整篇文章看起來更順眼。

Step1

首先，將要設定的文字選取起來，然後按下【常用】活頁標籤→「字型」群組旁的 ⌐ 圖示，此時會開啟「字型」對話盒。

(Tips) 按下 Ctrl + D 鍵或在選取的文字上按一下滑鼠右鍵，從快速選單中點選【字型】，都可以開啟「字型」對話盒。

Step2

將「字型」對話盒切換至【進階】活頁標籤，按下「間距」下拉選單，
選擇要加寬或緊縮文字間距。接著在「點數設定」空白框中設定要
加寬或緊縮的點數後，按下〔確定〕按鈕即完成。

Tips 必須先選取文字，才能進行「字元間距」的設定。

Trick 09 調整段落文字行距

除了文字間的距離外，每行之間文字距離的調整，也是文件是否容
易閱讀的關鍵之一，接下來趕緊瞧瞧在 Word 365 中如何調整段落
間的行距。

Step1

首先將游標移到要調整行距的段落上，按下【常用】活頁標籤→「段
落」群組旁的 ⬚ 圖示，開啟「段落」對話盒。

Tips 從選取文字的右鍵快速選單中點選【段落】，也可以開啟「段落」
對話盒。

Step2

在「段落」對話盒中的【縮排與行距】活頁標籤中，即可在「段落
間距」的「行距」下拉選單中選擇行距，完成後按下〔確定〕按鈕
即完成。

Tips 按下【常用】活頁標籤→「段落」群組的「行距與段落間距」 ⬚⬚
圖示，也可以從下拉選單中選擇不同的行距。

Trick 10 快速調整段落間距

調整行距除了前述的方法外，不需要開啟「段落」對話盒，也可以利用快速鍵迅速調整文字行距哦！

延伸學習 調整行距的快速鍵

快捷鍵	效果
Ctrl + 1	1 倍行距
Ctrl + 2	2 倍行距
Ctrl + 5	1.5 倍行距

(Tips) 如果按鍵盤上的 Ctrl + 0 鍵與前一段落的距離就會增加為 12 點，再按一次 Ctrl + 0 鍵，就會恢復回原來的段落間距。

如果按右側數字鍵盤上的 1，則不會產生設定的效果。

Trick 11 讓整段文字換行不換段落

有時想在 Word 365 中換行輸入，但仍維持與上一行是同一個段落，這樣不但可以保留同段落的格式，還能達到換行的效果，現在來看看該怎麼做。

Step1

先將文字輸入游標移到準備分行的位置，然後按住鍵盤上的 Shift 鍵不放，再按下 Enter 鍵，最後同時放開這兩個按鍵。游標就會移動到下一行，而且前一行的結尾符號是 ↓ 而非 ↵ ，表示兩段文字仍屬於同一個段落的文字。

Trick 12 快速輸入水平分隔線

製作文件如果需要輸入水平分隔線時，可以運用這個技巧快速畫出一條漂亮的水平分隔線哦！

Step1

在文件一行起始處，輸入「---」（三個減號）然後按下 Enter 鍵，即會出現一條漂亮又整齊的水平分隔線。另外，輸入「＊＊＊」或「＝＝＝」，也都會出現不同樣式的分隔線。

(Tips) 也可以利用「框線及網底」對話盒左下方的〔水平線〕按鈕，尋找更多樣式的水平線。

Trick **13** 每頁固定字數與行數

有時為了更精準地進行版面編排，會希望文件每一行都有固定字數，每一頁也都能有固定的行數。Word 365 中也能輕易進行這樣的設定哦！

Step1

依序按下【版面配置】活頁標籤→「版面設定」群組旁的 ↘ 圖示，開啟「版面設定」對話盒並切換至【文件格線】活頁標籤，點選「指定行與字元的格線」選項。

> **Tips**
> 設定文件中每行的字數以及每頁的行數。超過每行字數時，Word 會自動換行，超過每頁行數時，則會自動換頁。

Step2

分別在「每行字數」和「每頁行數」方框中，設定每行的字數和每頁的行數，設定好按下〔確定〕即完成。

> **Tips**
> 設定「每行字數」和「每頁行數」時，「字距」和「行距」也會跟著自動調整。

Trick **14** 快速換頁及分頁

有時為了章節所需，下一個段落要換到下一頁時，你是一直按鍵盤上的〔Enter〕來換頁嗎？那樣的方法太遜了！趕快來看看要如何快速另起新的一頁吧！

Step1

先將游標移到要分頁的段落文字處，接著按住鍵盤上的 `Ctrl` + `Enter` 鍵，此時游標就會切換到下一頁，同時在前一頁也會出現分頁符號。

> **Tips**
> 點選【插入】活頁標籤→「頁面」群組中的「分頁符號」 按鈕，也可以快速換頁及加上分頁符號。

Trick **15** 讓段落不被分頁隔開

有時我們不希望同一個段落的文字內容，被自動分頁功能攔腰截斷拆成兩頁，而影響閱讀的流暢性。此時我們可以利用 Word 365 內建的功能，確保整個段落顯示在同一頁。

Step1

將游標移動到該段落，依序點選【常用】→「段落」群組旁的 ⌐ 圖示，開啟「段落」對話盒後切換至【分行與分頁設定】活頁標籤，勾選「段落中不分頁」再按下〔確定〕，即可讓整個段落顯示在同一頁中。

(Tips)　若勾選此功能的段落，有設定每頁固定行數，將可能使每頁行數無法固定。

Trick **16** 讓下個段落擠進同一頁

除了同一段落不分頁外，如果希望下一個段落也能在同一頁中呈現的話，也有簡單的設定，可以達到這樣的效果哦！

Step1

將游標移到該段落後，依序點選【常用】→「段落」群組旁的 ⌐ 圖示，開啟「段落」對話盒後切換至【分行與分頁設定】活頁標籤，然後勾選「與下段同頁」，再按下〔確定〕，這個段落就會與下個段落在同一頁了。

(Tips)　若勾選「段落前分頁」選項，可將這個段落強迫分頁至下一頁的開頭。

Trick **17** 套用 Word 現成的樣式

使用樣式最簡單的方法，就是直接套用 Word 365 所提供的各種樣式。尤其在製作長篇文件時，使用樣式將可以使文件的層次更為分明。

Step1

將游標移到要套用樣式的段落中，然後在【常用】活頁標籤下「樣式」群組中的「樣式」下拉選單中選取合適的樣式即完成。

Step2

在樣式下拉選單中的任一樣式上按滑鼠右鍵，並從
快速選單中選擇【修改】，還可以在「修改樣式」
對話盒中，對樣式進行各項微調後再套用。

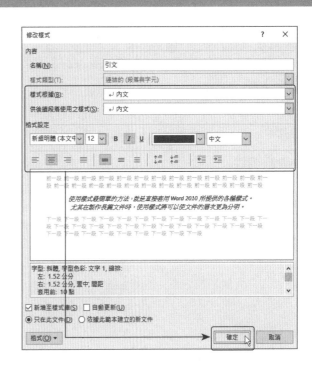

Tips 若希望調整後的樣式能套用在其他文件上，可以
勾選「新增至快速樣式清單」，並點選「依據此範本
建立的新文件」。

Trick 18 製作多欄文件

報紙或雜誌的版面常是分成兩欄或三欄以上，在
Word 365 裡也可以輕易地製作出這種分欄的版面
喔！

Step1

依序點選【版面配置】活頁標籤→「版面設定」群
組中的「欄」按鈕，即可在下拉選單中依照需要，
選取合適的欄位數。

Step2

此外，點選下拉選單的【其他欄】，開啟「欄」對
話盒，還可以自行輸入欄位數，並可以自訂每一欄
的寬度及間距，設定完成後按下〔確定〕即可。

Tips 如果希望分欄中間有分隔線，可勾選「分隔線」。

Trick 19 快速製作文件目錄

當一份文件的頁數很多時，若能製作目錄將會對閱讀文件有所幫助。如果文件中我們善用同樣的樣式來區隔標題與內文，那麼要製作目錄就會變得很簡單。

Step1

將游標移到文件的最前面，然後依序點選【參考資料】活頁標籤→「目錄」群組中的「目錄」按鈕，並在下拉選單點選【自訂目錄】，此時會跳出「目錄」對話盒。

Tips 亦可從下拉選單中選取合適的目錄格式套用。

Step2

在「目錄」對話盒中，可以從「格式」下拉選單中選取不同風格的目錄格式，接著在「顯示階層」中設定要製作的目錄階層，再按下〔確定〕即可。

Tips 目錄製作完成後因文件內容修改而產生頁碼或標題更動時，可以點選一下目錄，然後在上方找到「更新目錄」按鈕，即可快速變更目錄內容。

Trick 20 插入封面頁

一份完整的文件，除了內容、目錄、頁碼外，一個美觀的封面往往能幫文件畫龍點睛。在 Word 365 中提供了數十種封面頁可供選擇，只要加上一些封面的說明內容，就可以讓文件更完美。

Step1

依序點選【插入】活頁標籤→「頁面」群組中的「封面頁」按鈕，即可從下拉選單中找到各式封面頁樣式。

Tips 點選【來自於 Office.com 的其他封面】可以找到更多的封面樣式。

Step2

點選要套用的封面頁樣式後，即可根據各設定欄位，直接在欄位中輸入各項資訊文字。

> **Tips** 將游標移至左上角時會變成 ⁺ᵢⱼ，此時按住滑鼠左鍵拖曳即可調整整個文字方塊的位置。

Trick **21** 製作寫作用的稿紙

在新版 Word 365 中，提供了「稿紙設定」模式，可以讓我們輕鬆做出稿紙一樣的效果，方便進行文字的統計哦！

Step1

點選【版面配置】→「稿紙設定」，開啟「稿紙設定」對話盒後，即可根據各項格式需求進行調整，設定好後按下〔確認〕。整個 Word 頁面配置就會像作文時所使用的稿紙一樣，可以直接在稿紙上輸入文字了。

> **Tips** 如果想變更稿紙格式，只要再開啟「稿紙設定」對話盒，從【格式】下拉選單中點選欲設定的稿紙格式即可。

Trick **22** 快速計算文件字數

有時編輯的文件受到篇幅限制，文件長度希望能控制在某一範圍內。這時我們可以利用 Word 365 內建的字數統計，迅速計算出目前文件的字數是多少。

Step1

依序點選【校閱】活頁標籤→「校訂」群組中的「字數統計 🔢」按鈕，即會立刻跳出「字數統計」對話盒，顯示整份文件的頁數、字數、字元數、段落數及行數等多項統計數據。

字數統計	? ✕
統計:	
頁數	28
字數	20,818
字元數 (不含空白)	20,825
字元數 (含空白)	20,852
段落數	298
行數	784
半形字	1
全形字	20,817

☑ 含文字方塊、註腳及章節附註(F)

〔關閉〕

> **Tips** 在文件的左下角也有簡易的字數統計，按下去也會跳出「字數統計」對話盒。

Chapter 5
圖片與表格編輯技巧

一份堆滿文字的文件或報告，很容易讓人覺得枯燥乏味。如果能在文件中加入圖片、想辦法讓標題文字有些變化、加入表格以條列方式表現資訊，或繪製流程圖來述說程序步驟…等，以圖文配合的版面呈現，將使文件更具可看性，達到圖文並茂的效果哦！

Trick 01 插入基本圖案

如果想在文件中加入圖案，但是自己又不會畫，可以利用 Word 365 內建簡單的快取圖案，增添文件的精采度。

Step1

依序按下【插入】活頁標籤→「圖例」群組中的「圖案」按鈕，然後在圖案下拉選單中點選快取圖案的種類。

> Tips 點選快取圖案後，在文件中按一下滑鼠左鍵，即會插入 Word 預設大小的快取圖案。

Step2

接在文件中先按住滑鼠左鍵不放，然後拖曳出合適的快取圖案大小，最後放開滑鼠左鍵即完成，插入後的快取圖案還是可以任意調整圖案的位置及大小。

> Tips 若希望快取圖案長寬比能按等比例縮放，可在拖曳時同時按住鍵盤上的 Shift 鍵。

Trick 02 改變快取圖案外型

如果對於預設的快取圖案不是那麼滿意，可以進行簡單的修改，把原本制式的圖案變成獨一無二的特殊形狀哦！

Step1

利用前面的方式插入快取圖案後，切換到「圖形格式」，點選「插入圖案」群組中的「編輯圖案」按鈕，並從下拉選單中點選【編輯端點】。

Step2

此時快取圖案的端點部分都會出現黑點，將游標移至黑點上會變成 的形狀，按住滑鼠左鍵不放即可任意拖放黑點的位置，改變圖案的形狀。

Tips 在任一端點上按一下滑鼠右鍵，還可以從快速選單中新增或刪除端點。

Trick 03 變更快取圖案樣式

除了變更圖案外型，還能對快取圖案進行填色、加框、陰影、光暈、柔邊或立體化等各種加工，讓原本單調的快取圖案看起來更變化性。

Step1

先選取圖案，切換到「圖形格式」，點選「圖案樣式」下拉選單，即可迅速調整快取圖案的樣式，將圖案填滿色彩並加上外框。

Tips 若要改變外框色彩，可先選取圖案，然後按下「圖案外框」，再從選單中點選想要的顏色即可。

Step2

按下「圖案效果」 🔘 ▾ 按鈕，可從下拉選單中看到
【陰影】、【反射】、【光暈】、【柔邊】、【浮凸】
及【立體旋轉】等不同效果的子選單，點選想要套
用的效果後即完成。

(Tips) 在各種效果的子選單中，還可以點選最下方的
【XX 選項】，進行更多細節的調整。

Trick 04 在圖案中增加文字

加入的快取圖案，不但可以改變外型加入效果，還可以在圖案中加入文字，用文字來輔助說明，達到
圖文並茂的效果。

Step1

在快取圖案上按一下滑鼠右鍵，從快速選單中點選
【新增文字】，當圖案中會出現文字輸入游標，就
可以在圖案中直接輸入文字。

(Tips) 按下「繪圖工具」中的「編輯文字」按鈕後，也
可以直接編輯圖案中的文字。

Trick 05 插入電腦中的圖片檔案

在編輯文件的時候，也許已經準備好喜歡的圖片，這時候我們可以利用從檔案加入圖片的方式，將自
己準備的圖片加入文件中。

Step1

依序點選【插入】活頁標籤→「圖例」群組中的「圖
片」按鈕，開啟「插入圖片來源」對話盒後，切換
到圖片檔案所在的資料夾，點選圖片檔案名稱後，
再按下〔插入〕，就可以在文件中加入自己喜歡的
圖片檔案了。

(Tips) 依序點選【插入】活頁標籤→「圖例」群組中的
「美工圖案」按鈕，即可加入美工圖案。

Trick 06 螢幕擷取畫面

如果需要擷取螢幕的畫面做為說明時，除了電腦內建的截圖軟體，Word 365 中也具有螢幕擷圖的功能，就來看看要怎麼使用吧！

Step1

依序點選【插入】活頁標籤→「圖例」群組中的「螢幕擷取畫面」按鈕，在下拉選單的「可用的視窗」中會顯示目前系統開啟的作業視窗，點選想要的視窗即會擷取整個視窗畫面至 Word 文件中。

Step2

若只要擷取部分畫面，則點選「螢幕擷取畫面」按鈕下拉選單的【畫面剪輯】按鈕，此時 Word 作業視窗會縮至最小，接著其他視窗畫面會刷淡，同時游標變成十字狀，按下滑鼠左鍵並拖曳即可擷取視窗中部分的畫面了。

> Tips 記得把要進行「畫面剪輯」的作業視窗移至 Word 的下一層。

Trick 07 幫圖片製作特殊效果

Word 365 除了包下螢幕擷取的功能外，一些繪圖軟體中簡單的影像處理特效，可也都難不倒它，真是愈來愈超過了。

Step1

點選圖片後，切換到【圖片格式】的活頁標籤，點選「調整」群組中的「美術效果」按鈕，即可從下拉選單中預覽各式各樣的美術效果，點選合適的效果即可套用。

> Tips 也可以在下拉選單的【美術效果】選項中進行各項效果的微調。

Step2

另外，點選「圖片樣式」群組中的「快速樣式」按鈕，可以從下拉選單中挑選合適的圖片外框樣式進行套用。

Tips 將游標放在快速樣式上，也能在文件中即時預覽套用後的結果。

Step3

按下「圖片樣式」群組中的「圖案效果」按鈕，則是能從下拉選單中看到【陰影】、【反射】、【光暈】、【柔邊】、【浮凸】及【立體旋轉】等不同效果的子選單，點選想要套用的效果後即完成。

Tips 將游標放在快速樣式上，也能在文件中即時預覽套用後的結果。

Trick 08 幫圖片去背

沒錯！以往必須動用 Photoshop 或 PhotoImpact 這種重量級影像處理軟體才能處理的圖片去背效果（把圖片中的背景移除，只擷取主體的部分），如今在 Word 365 裡，也可以輕鬆做到囉！

Step1

在文件中選取要進行去背的圖片後，切換到【圖片格式】活頁標籤，按下「調整」群組中的「移除背景」按鈕。

Tips 去背後的圖片，仍可利用前一個技巧的各種特殊效果做更豐富的變化。

Step2

此時會出現【背景移除】活頁標籤，並自動將圖片背景的部分以粉紅色遮罩遮住。如果背景選取不夠完整，可以按下「標示區域以保留」或「標示區域以移除」加以調整，完成後按下「保留變更」即可。

Tips 可惜只能在 Word 文件中能呈現這些去背或套用的特殊效果，無法針對加工過的圖片單獨進行存檔。

Trick **09** 幫圖片剪裁特殊外型

除了去背之外，Word 365 還可以幫圖片的外框，裁剪成特殊的形狀。搭配前面介紹過的各項特殊效果，保證能製作出最炫的圖片。

Step1

選取圖片後，切換到【圖片格式】活頁標籤，按下「大小」群組中的「裁剪」下拉選單，並選取其中的【裁剪成圖形】，即可從子選單中挑選要裁剪的造型。

Tips 在「大小」群組中，若是按到〔剪裁〕上方的 ⬚ 按鈕，則只能進行一般的圖片剪裁動作。

Trick **10** 利用 SmartArt 製作各種流程圖

在 Word 365 中有一項「SmartArt」圖形的功能，我們可利用這項功能快速繪製流程圖、階層圖、清單、關聯圖等，增加文件的閱讀性。

Step1

依序點選【插入】活頁標籤→「圖例」群組中的「SmartArt」按鈕，開啟「選擇 SmartArt 圖形」對話盒後，在左側點選圖形類別後，再從中間的清單中點選適合樣式，選好後按下〔確定〕。

Tips 在中間選取樣式時可在對話盒右側預覽。

返回文件後，即可在圖形的方框中輸入各項文字。點選
【SmartArt 設計】活頁標籤，還可以在「SmartArt 樣式」
下拉選單中改變圖形的樣式，或用「變更色彩」改變預設
的配色。

（Tips）按下【SmartArt 設計】活頁標籤中的「重設圖形」，
可恢復成預設的圖形樣式。

Trick 11 幫文件中的圖片瘦身

當一份文件插入太多圖片，有時會讓檔案變得過大。這個時候我們需要利用內建的功能，幫文件裡的
圖片進行瘦身，讓檔案大小變小。

Step1

選取文件中的任何一張圖片後，切換到【圖片格式】活頁
標籤，接著在「調整」群組中按下「壓縮」，取消勾
選「只套用到此圖片」，接著選取合適的目標輸出品質後
按下〔確定〕，存檔時就會發現檔案變小了。

（Tips）列印品質高於螢幕品質，螢幕品質又高於電子郵件品
質，相對的品質愈高檔案也會愈大。

Trick 12 加入文字方塊

有時我們會想把某些文字放在特定的位置，無奈 Word 中的文字似乎不能像圖片那樣可以任意移動位
置，這時候我們就需要藉由「文字方塊」的協助。

Step1

依序點選【插入】活頁標籤→「文字」群組中的「文字方
塊」按鈕，然後從下拉選單中選取想加入的文字方塊型
式，待文字方塊出現後就可以直接輸入文字。

（Tips）點選文字方塊四周的控制點，可以調整文字方塊的大
小；點選邊框可以任意移動文字方塊的位置。

Step2

選取文字方塊,並在【圖形格式】活頁標籤中進行文字方向、對齊方式、外框樣式及文字樣式的變更。

Tips 若要去除文字方塊的外框,可以點選【格式】活頁標籤的「圖案外框」 ✐ 按鈕旁的下拉選單,並選取【無外框】即可。

Trick 13 利用文字藝術師製作藝術字

文字藝術師比一般文字的變化更多,所以通常用來製作文件的標題,透過文字藝術師所做的文字效果,可以替整份文件增色不少喔!

Step1

選取要製作文字效果的文字,然後依序點選【插入】活頁標籤→「文字」群組中的「文字藝術師」按鈕,在下拉選單中選取喜愛的文字藝術師樣式。

Tips 也可以直接按「文字藝術師」按鈕,再輸入要製作特效的文字。

Step2

接著即可在【圖形格式】活頁標籤中,進行「外框」、「底色」、「圖案效果」或「文字效果」等效果變換。

Tips 在「文字效果」下拉選單的「轉換」子選單中,可以將文字進行各種花俏的變形。

Trick **14** 快速建立表格

在 Word 365 中同樣提供了快速建立表格的方法，直接透過滑鼠的拖曳，就能快速繪出所需的表格。

Step1

依序點選【插入】活頁標籤→「表格」群組中的「表格」按鈕，從下拉選單拖曳滑鼠選取要製作的表格大小。此時文件中可預覽表格內容，確定後再按一下滑鼠左鍵。

(Tips) 如果製作的大小超過「10x8」，就必須在下拉選單點選【插入表格】，然後從「插入表格」對話盒中設定「欄數」與「列數」的方式來製作。

Step2

表格插入後，可以直接在【表格設計】活頁標籤中，從「表格樣式」下拉選單選擇要套用的樣式，將使表格更美觀。

(Tips) 在【插入】活頁標籤「表格」群組「表格」按鈕的下拉選單中，選擇【快速表格】還可以迅速插入像是行事曆等預設型式的表格。

Trick **15** 善用快速鍵切換表格欄位

在編輯表格的時候，我們可以透過下面的快速鍵來切換表格欄位，這樣就不需要透過滑鼠點選，可加快操作的時間喔！

快速鍵	說明
Tab	移動到下一個儲存格
Shift + Tab	移動到前一個儲存格
Alt + Home	移動到該列第一個（最左邊）儲存格
Alt + End	移動到該列最後一個（最右邊）儲存格
Alt + Page Up	移動到該欄第一個（最上方）儲存格
Alt + Page Down	移動到該欄最後一個（最下方）儲存格

Trick 16 設定欄寬與列高

若只想調整某一欄的儲存格寬度，其他儲存格寬度自動按照比例調整，以維持整份表格寬度不變時，可以透過這個方法來進行調整。

Step1

將游標移到要調整的欄位邊界上，使滑鼠游標變成 ↔ 然後按住 Ctrl 鍵及滑鼠左鍵不放，拖曳至適當的位置後，放開 Ctrl 鍵及滑鼠左鍵，就可以調整一欄儲存格的寬度，其他儲存格的寬度也會自動按照比例調整。

(Tips) 必須先按住 Ctrl 鍵不放，再拖曳滑鼠，才能夠達到這樣的效果。

Trick 17 儲存格合併與分割

有時較複雜的表格中，並不是一格一格整齊排列，某些欄位必須合併或分割，這時就得趕緊來看看如何進行儲存格的合併或分割吧！

Step1

若要進行儲存格合併，先選取要進行合併的儲存格，然後點選【版面配置】活頁標籤，即可從「合併」群組中找到「合併儲存格」按鈕，進行合併儲存格的動作。

(Tips) 儲存格合併後原本儲存格的內容會以段落號分隔列在同一個儲存格中。

Step2

若要進行儲存格分割，則先將游標移到要分割的儲存格上，然後點選「合併」群組中的「分割儲存格」按鈕，此時會跳出「分割儲存格」對話盒，輸入欲分割的「欄數」及「列數」再按下〔確定〕即可。

(Tips) 儲存格分割後原本儲存格的內容會根據段落號分配到各分割後的儲存格中。

Trick 18　讓 Word 表格也能進行 Excel 計算

雖然在 Word 365 中可以插入各式各樣的運算方程式，但卻無法進行這些方程式的運算。不過也別因此就對 Word 失望，一些表格中簡單的運算是難不倒它的。

Step1

將游標移到要進行運用的儲存格中，然後點選【版面配置】活頁標籤中「資料」群組的「公式」按鈕。

Step2

此時會出現「公式」對話盒，可以從「加入函數」下拉選單中選擇要使用的公式，並在後面括弧中輸入參數，按下〔確定〕即可進行簡單的運算。

> (Tips) ABOVE 為上方所有儲存格數值，LEFT 為左邊所有儲存格數值，其他則需個別列出儲存格代號（如 A1、A2、B1、B2 等）。

延伸學習　常用的運算函數

ABS(X)：X 值的絕對值

AVERAGE()：所有參數的平均值

COUNT()：儲存格的筆數

INT(X)：X 值的整數值

MAX()：所有參數的最大數

MIN()：所有參數的求最小數

MOD(X,Y)：X 除以 Y 的餘數

PRODUCT()：計算各參數相乘的值

ROUND(X,Y)：將 X 值取 Y 位小數四捨五入

SUM()：所有參數的加總

Chapter 6
文件列印技巧

當一份文件製作完成後，最重要的工作就是將文件列印出來。在列印前可以利用「預覽列印」功能檢視文件版面的列印效果外，有些列印技巧是非學不可的喔！例如，只列印文件部分頁數、只列印文件中局部內容、設定紙張雙面列印，以及版面設定的各項技巧……等等。如果能隨心所欲地運用這些技巧，就會更完美囉！

Trick 01　列印前預覽文件內容

列印文件前，可以先在 Word 中預覽文件的內容，做列印前的檢視與確認，確定文件無誤後，再進行列印。

Step1

開啟文件後，先切換到【檔案】活頁標籤，接著從左側選單中點選【列印】。此時即可從右側預覽列印出來的結果。

> **Tips** 如果文件頁數較多，可以利用預覽窗格右側的垂直捲軸，下拉預覽其他頁面。另外，也可以利用右下角的拖曳滑桿 —+————+ 進行預覽文件的縮放。

Trick 02　設定文件的邊界

在文件四周適度地留白，可以讓文件看起來比較舒服，也可以保留適當的寬度做為裝訂用，接著就來看看如何進行文件邊界的設定。

Step1

開啟文件後，點選【版面配置】活頁標籤，然後按下「版面設定」群組的「邊界」按鈕，從下拉選單中選取合適的邊界樣式即完成。

> **Tips** 也可以在【檔案】→【列印】功能表中，找到「邊界」下拉選單。

Step2

若找不到合適的邊界樣式，可以在下拉選單中點選【自訂邊界】，開啟「版面設定」對話盒後，即可在【邊界】活頁標籤的「上」、「下」、「左」和「右」方框中，設定文件的邊界值，設定好之後按下〔確定〕即可。

Tips 在「版面設定」對話盒中還可以設定預留文件裝訂邊的位置及寬度。

Trick 03　只列印文件的部分頁數

有時如果只需要列印文件中的部分頁數，大可不必把整份文件通通列印出來。而且不管要列印的頁數有沒有連續，都能依照我們的需要印出文件哦！

Step1

開啟文件後，先切換到【檔案】活頁標籤，接著從左側選單中點選【列印】。接著在窗格中間的「設定」找到「頁面」，即可在後面的方框中輸入要列印的頁數部分，輸入完成按下上方的「列印」按鈕即可印出需要的頁數。

Tips 直接按 `Ctrl` + `P` 鍵，也可以迅速切換到【列印】頁面。

▬ 列印部分頁數的輸入方式：

- 要列印的頁數為連續頁，請以「-」減號串連：
  如第 3 至第 6 頁（即第 3、4、5、6 頁，共 4 頁），則輸入「3-6」。

- 要列印的頁數為不連續頁，請「,」逗號分隔：
  如第 3 頁和第 6 頁（共 2 頁），則輸入「3,6」。

- 要列印的頁數為連續頁與不連續頁混合時，可合併使用：
  如第 3 到第 6 頁、第 8 頁及第 10 到第 13 頁，則輸入「3-6,8,10-11」。

Trick 04 只列印奇數頁或偶數頁

如果要列印的頁數沒那麼複雜，只要單純列印文件中的奇數頁，或只列印偶數頁時，可以用更簡單的方法。

Step1

切換到【檔案】活頁標籤，接著從左側選單中點選【列印】。接著在窗格中間的「設定」點選「列印所有頁面」下拉選單，並從中勾選「僅列印奇數頁」或「僅列印偶數頁」，接著按下上方的「列印」按鈕即可印出需要的頁數。

Tips 只要再按一次同樣的「僅列印奇數頁」或「僅列印偶數頁」，就可以取消勾選。

Trick 05 只列印文件中的局部文字

除了可以單獨列印文件中特定的頁數外，還可以只列印文件中的局部文字，不一定要每次都列印一整頁哦！

Step1

先將文件中要列印的文字選取起來，然後切換到【檔案】活頁標籤的【列印】，接著在窗格中間的「設定」點選「列印所有頁面」下拉選單，點選【列印選取範圍】，按下上方的「列印」按鈕即會只列印選取的範圍。

Tips 必須在先在文件中選取文字，才能使用「列印選取範圍」的功能。

Trick 06 設定紙張雙面列印

大部分我們都只會進行單面的列印。如果文件頁數非常多，其實在 Word 365 中，可以輕鬆地製作出雙面列印的效果。

Step1

切換到【檔案】活頁標籤的【列印】，接著在窗格中間的「設定」點選單面列印，即可從下拉選單中選擇【雙面列印】，接著按下上方大大的「列印」按鈕即可印出。

Tips 可依個人使用需求選擇「從長邊翻頁」或「從短邊翻頁」。

Trick **07** 將多頁文件印在同一張紙

很多時候為了節省紙張，我們會想把好幾頁文件列印在同一張紙上，現在就來看看如何使用這項便利的功能吧！

Step1

開啟文件，切換到【檔案】活頁標籤的【列印】，接著在窗格中間的「設定」點選「每張 1 頁」，從下拉選單中選擇每頁要列印的頁數後，按下上方的「列印」按鈕就會按照設定的方式列印了。

Trick **08** 跟影印機一樣自動分頁

如果同一份文件一次要列印好幾份，最頭痛的就是印好之後還要一份一份進行分頁。現在在 Word 365 中，也可以像影印機一樣，列印的同時就幫我們做好自動分頁的動作哦！

Step1

開啟文件，切換到【檔案】活頁標籤的【列印】，接著在窗格中間的「設定」點選「自動分頁」，文件即會依「1,2,3 1,2,3 1,2,3」或「1,1,1 2,2,2 3,3,3」的順序列印文件，而省下手動分頁的時間哦！

(Tips) 如果單純列印整份文件，不必開啟文件檔，直接在文件圖示上按滑鼠右鍵，並點選【列印】即可直接進行快速列印的作業哦！

EXCEL 圖表試算

Excel 365 主視窗操作介面

❶ **活頁標籤**：活頁標籤中內含 Excel 所有的功能群組。

❷ **功能群組**：在不同的功能群組中，包括許多不同的操作功能及指令按鈕。

❸ **標題列**：顯示 Excel 目前編輯中的檔案名稱。

❹ **快速存取工具列**：使用者可以根據個人操作習慣，把常用的功能加入「快速存取工具列」中，讓操作更爲迅速方便。

❺ **視窗控制按鈕**：用於設定視窗最大化、最小化及關閉視窗的控制按鈕。

❻ **帳戶**：顯示使用者的 Microsoft 帳戶，並可切換不同的帳戶。

❼ **名稱方塊**：顯示目前被選取的儲存格名稱。

❽ **資料編輯列**：用於顯示所輸入的資料內容，同時也可以在此編輯列中輸入資料內容。

❾ **工作表**：工作表中編輯區域。

❿ **欄名**：工作表中的欄編號。

⓫ **列號**：工作表中的列編號。

⓬ **工作表捲動按鈕**：可利用按鈕，切換到不同的工作表。

⓭ **工作表標籤**：可在不同的工作表中編製不同的資料報表，而正在編輯中的工作表標籤將顯示爲白色。

⓮ **檢視按鈕**：用於切換活頁簿檢視方式。

⓯ **捲軸**：使用者可以透過捲動垂直捲軸和水平捲軸，瀏覽整張工作表。

⓰ **顯示比例**：使用者可透過縮放滑桿依據實際大小的百分比，調整工作表的檢視比例。

Chapter 1

檔案及視窗管理技巧

在 EXCEL 365 中，首先我們必須學會檔案管理的基本技巧，像是開啟檔案的方式、自動儲存檔案的設定、設定多人共用活頁簿、追蹤檔案的修訂狀況，以及利用各種視窗功能方便編輯等等。一旦學會之後，不但能輕鬆管理 Excel 檔案，在運用其他軟體時也能更得心應手，無往不利！

Trick 01 利用現有範本開啟新的活頁簿檔案

開啟 Excel 365 時，會自動開啟一份空白的活頁簿檔案，開始編輯試算表。如果我們要編輯的是一份制式的表單，或許可以利用現有的範本直接套用。

Step1

開啟 Excel 後，按下【檔案】活頁標籤，從左側窗格中選取【新增】，此時窗格中間會出現許多現成的範例範本。

Tips 也可以從中間的搜尋方塊中輸入想要的範本類型，搜尋更多的 EXCEL 活頁簿範本。

Step2

點選適合的範本，會跳出預覽頁面，按下〔建立〕，即可依範本格式新增一個新的活頁簿檔案。

Trick 02　設定自動儲存檔案的時間間隔

是否經常被 EXCEL 裡繁複的數字搞昏頭，而忘記存檔呢？萬一臨時跳電或當機，那可就前功盡棄囉！為了降低檔案損失的風險，此時最需要的，就是趕快設定電腦每隔幾分鐘自動幫我們存檔的功能吧！

Step1

依序按下【檔案】活頁標籤→【選項】，開啟「Excel 選項」對話盒後，點選【儲存】，在「儲存活頁簿」區中勾選「儲存自動回復資訊時間間隔」，並在後面的方框中輸入儲存的間隔時間數值，再按下〔確定〕即完成。

Tips 「迷你工具列」是為方便進行格式設定，所以無法針對工具列中的功能進行增刪。

Trick 03　設定多人共用的活頁簿

團結力量大，有些時候一份 Excel 文件，需要將大家修改的內容彙整在一起，這時候就可以開啟「共用活頁簿」的功能，讓大家能編輯同一份文件。

Step1

開啟要共用的檔案後，點選右上角的「共用」按鈕，並從下拉選單中點選【共用】。進入「共用」對話盒後，點選【OneDrive-個人】，在「活頁簿名稱」對話盒中輸入檔名後按下〔確定〕

Step2

此時會跳出視窗，可以選擇「傳送連結」或「複製連結」分享給其他共用者。

Trick 04 追蹤共用活頁簿的修訂狀況

設定開放「共用活頁簿」功能後，如果能搭配「追蹤修訂」的功能，就能讓開放共用活頁簿者，知道什麼人在什麼時候修改了活頁簿裡的哪些資料。

Step1

開啟剛剛設定共用的活頁簿後，依序點選【校閱】活頁標籤→「變更」群組中的「顯示變更」。

Step2

此時畫面右方會顯示「變更」窗格，即可閱覽自己和其他共用者所作的變更。

Tips 如果想要在活頁簿檢視修改的儲存格，可以在「變更」窗格的欄位中點選想看的修改，此時修改的儲存格上會出現綠色的邊框。

Trick 05 分割和取消分割窗格功能

如果一份工作表資料非常龐大，而要檢視的儲存格相距很遠，除了不斷移動工作表外，可以利用「分割窗格」的功能，讓視窗做更靈活的運用。

Step1

選取要分割的欄或列，依序點選【檢視】活頁標籤→「視窗」群組中的「分割」。

Step2

此時工作表就被分割成上下兩個窗格，當要移動哪個窗格的資料時，就捲動該窗格右側的垂直捲軸即可。如果想要調整窗格的大小，將游標移到右側垂直捲軸的兩個窗格中間處，當游標變成 ⇕ 時，按住滑鼠左鍵即可上下拖移調整。

Tips 只要按下【檢視】活頁標籤→「視窗」群組中的「分割」，就能取消所有設定的分割窗格，回復成原來的視窗狀態。

Trick 06 凍結和取消凍結窗格功能

通常在工作表的第一欄或第一列會放欄位名稱，捲動工作表的視窗時就不太希望第一欄或第一列跟著捲動。此時我們可以將標題列凍結住，這樣不管再如何捲動視窗，被凍結住的窗格會維持在原來的位置不動哦！

Step1

先利用分割窗格的方式，將要凍結的部分分割開來，接著依序按下【檢視】活頁標籤→「視窗」群組中的「凍結窗格」，然後在下拉選單中點選【凍結窗格】。

Step2

接著可以看到設定的列與欄上，均出現一條顏色較深的直線，表示此列與欄均已被凍結，不管如何上下左右捲動窗格，被凍結的欄位都不會跟著被捲動。

Tips 點選【檢視】活頁標籤→「視窗」群組中的「凍結窗格」，然後在下拉選單中點選【取消凍結窗格】，即可取消所有的凍結窗格功能。

Trick 07 使用多重視窗

當我們編輯資料龐大的工作表時，可以使用多重視窗的功能，同時開啟兩個以上的視窗，方便檢視編輯其中的資料。

Step1

先開啟檔案，依序按下【檢視】活頁標籤→「視窗」群組中的「開新視窗」，就會在另一視窗中開啟同一份文件。接著再按下「切換視窗」按鈕，就可以看到下方選單中有兩份相同的文件，分別是「活頁簿1」與「活頁簿2」。

(Tips) 如果再繼續按下「開新視窗」按鈕，就會在第三個視窗中開啟檔名為「活頁簿3」的文件。

Trick 08 並排顯示讓資料一目了然

有時我們需要同時開啟好幾個活頁簿，並互相進行資料比對，這時候可以利用「並排顯示」的功能，同時檢視不同活頁簿檔案裡的內容。

Step1

開啟多個檔案後，依序按下【檢視】活頁標籤→「視窗」群組中的「並排顯示」，接著在「重排視窗」對話盒中，點選所需要的排列方式，然後按下〔確定〕。

(Tips) 如果勾選「重排使用中活頁簿的視窗」，則會重排所有同一份活頁簿但被開啟在不同視窗的窗格。

Step2

此時所有開啟的活頁簿，就會以我們選定的排列方式進行並排，方便我們進行不同活頁簿之間的切換及檢視。

(Tips) 如果要關閉並排的視窗，必須先切換到要關閉的視窗上，再以關閉檔案的方式，逐一進行關閉的動作。

Chapter 2
儲存格與工作表

在 Excel 365 中，選取的動作多半以儲存格為單位，選取的技巧大部分都和其他軟體大同小異，很快就能學得會。此外，也會介紹一些工作表的命名、刪除、複製、移動的方法，以及設定工作群組等技巧。一旦學會這些基礎功，就能更靈活地運用 Excel ！

Trick 01　選取多個連續的儲存格

一次選取多個相鄰的儲存格，就可以將這些儲存格一起套用相同的格式，或是進行剪下、複製，以及貼到其他位置的動作。

Step1

將游標移到欲選取範圍最左上方的儲存格，按住滑鼠左鍵不放，再向右下角拖曳到欲選取範圍最右下方的儲存格後放開滑鼠左鍵，就可以選取連續的儲存格範圍。

Tips　拖曳時必須按住滑鼠左鍵不放，否則只會選取單一儲存格。如果拖曳超過要選取的範圍時，只要往回拖曳滑鼠即可。

Trick 02　選取多個不連續的儲存格

有時想要選取的儲存格範圍不一定是連續的，要選取不連續的儲存格，這時候需要運用其他的方式。

Step1

先利用前述方式將連續的儲存格選取好之後，接著按住鍵盤上的 Ctrl 鍵不放，此時將游標移到其他欲選取的儲存格後，在儲存格上按一下，即可選取範圍不連續的儲存格了。

Tips　記住要先按住鍵盤上的 Ctrl 再進行選取的動作，否則第一次選取的儲存格會消失，變成只選取後面的儲存格。

Trick **03** 複製成圖片

在 Excel 中進行儲存格複製的動作時，常會因爲儲存格格式或內容的關係，發生貼上的內容與原本的內容不相同的狀況。最保險的作法，就是把原本的儲存格內容複製成圖片，這樣子不管怎麼貼都不會改變內容了！

Step1

選取要複製的儲存格範圍後，點選【常用】活頁標籤→「剪貼簿」群組的「複製」，並從下拉選單中選取【複製成圖片】。此時會跳出「複製圖片」對話盒，點選「如螢幕顯示」→「圖片」後按下〔確定〕。

Step2

接著按下「貼上」，即可將複製的儲存格以圖片的型式貼在工作表的任何地方。

(Tips) 貼上後的內容為圖片格式，無法針對文字內容進行任何調整。

Trick **04** 選取整欄或整列

除了選取儲存格，有時也需要選取一整欄或一整列的儲存格，這時候如果還是使用拖曳的方式來選取，可能就會顯得有點沒效率。

Step1

將游標移到要選取的欄號上，當游標變成 ↓ 時，按一下滑鼠左鍵即可選取一整欄；同樣的，將游標移到要選取的列號上，當游標變成 → 時按一下滑鼠左鍵，即可選取一整列。

Trick **05** 直接跳到指定的儲存格

當工作表的資料比較龐大時，要跳到特定的儲存格，除了拖曳窗格右側及下方的捲軸外，還可以利用鍵盤上的功能鍵，迅速跳到指定的儲存格。

Step1

按一下鍵盤上的 F5 鍵，此時會開啟「到」對話盒，在「參照位址」空白框中輸入要檢視的儲存格後按下〔確定〕，即會立刻跳到該儲存格的位置，並直接將其選取起來。

Tips 按下鍵盤上的 **Shift** + **G** 鍵，也可開啟「到」對話盒。

Trick **06** 插入或刪除儲存格

有時在製作表格時，臨時要加入新的儲存格，或是刪除儲存格，無論是新增或刪除，都有特定的方法。

Step1

在要增加儲存格的位置上按一下滑鼠右鍵，再點選快速選單中的【插入】。

Tips 或者也可以依序點選【常用】活頁標籤→「儲存格」群組中的「插入」，然後在下拉選單中點選【插入儲存格】。

Step2

此時會跳出「插入」對話盒，接著選取要插入儲存格的方式後按下〔確定〕，即可完成儲存格的插入。

Tips 若要進行刪除儲存格操作，則在快速選單中點選【刪除】。接著在「刪除」對話盒中選取其他儲存格的移動方式，然後按下〔確定〕即完成。

Trick **07** 插入欄或列

在編輯資料時，為了新增或刪除一些資料，常常需要插入一整欄或一整列。除了前面介紹的方法外，還有更快速的技巧哦！

Step1

先選取要插入的下方那一列，並在該列上按一下滑鼠右鍵，然後從快速選單中選取【插入】。

> Tips 插入一欄的方式則是先選取要插入的右側那一欄，再從滑鼠右鍵快速選單中選取【插入】。

Step2

此時原本的欄位即會向下移動，而新增出一個空白列。

> Tips 如果選取兩欄或兩列，則會在左側或上方插入兩個空白欄或空白列。

Trick **08** 合併儲存格

當文字長度大於儲存格寬度時，文字會無法完全顯示。如果不想改變儲存格寬度，這時候我們可以利用合併儲存格的方法，讓文字完整顯示。

Step1

先選取要合併成同一範圍的儲存格，接著點選【常用】活頁標籤→「對齊方式」群組中的「跨欄置中」，並從下拉選單中選取【合併儲存格】。

> Tips 若合併後的儲存格內容希望能置中，可以直接在下拉選單中選取【跨欄置中】。

Step2

接著會跳出警告視窗，警告合併成一個儲存格後，只會保留最左上角的儲存格內容，確認後按下〔確定〕即完成。

> (Tips) 如果想取消合併的儲存格，只要再使用同樣的方法，在快速選單中選取【取消合併儲存格】即可。

Trick 09 讓 Excel 自動調整欄寬

合併儲存格的方式，不一定適用於任何狀況。此時，Excel 365 提供了另一項選擇，就是自動依據欄位文字的長度，適當地調整欄位寬度。

Step1

先選取要更改欄寬的儲存格，接著按下【常用】活頁標籤→「儲存格」群組中的「格式」，然後在下拉選單中點選【自動調整欄寬】，選取的欄位就會自動依欄位內容調整合適的欄寬。

> (Tips) 在下拉選單中點選【自動調整列高】，則會自動將選取的欄位調整為適合的列高。

Trick 10 插入或刪除工作表

開啟一份新的 Excel 活頁簿時，會預設出現一個工作表，但是當我們遇到工作表不敷使用，或整個工作表已不再使用時，就必須新增或刪除工作表。

Step1

先在左下方要插入新工作表的活頁標籤上，按一下滑鼠右鍵，再從快速選單中選取【插入】。

> (Tips) 也可以點選【常用】活頁標籤→「儲存格」群組中的「插入」，從下拉選單中選取【插入工作表】，或是按下工作表列最右邊的「新工作表」⊕ 圖示。

「插入」對話盒出現後，先點選「工作表」，
再按下〔確定〕，就可以插入一個新的工作
表了。

(Tips) 若要刪除工作表，則在該工作表上按一
下滑鼠右鍵，然後從快速選單中選取【刪除】
即可。

Trick 11 移動工作表

如果新增工作表，想要移動工作表的位置，只要利用拖曳的方式，就能輕鬆調整工作表的先後順序哦！

Step1

先在左下方要移動的工作表活頁標籤上，按
住滑鼠左鍵不放，此時游標會變成 ，接著
將活頁標籤左上角的倒三角形符號拖曳到要
移動的地方後，放開滑鼠左鍵即完成移動工
作表。

Trick 12 複製工作表

當需要一份相同或是類似的工作表時，我們當然可以利用複製工作表的功能，迅速製作一份與舊工作
表相同的新工作表。

Step1

先在要複製的工作表活頁標籤上按住滑鼠左
鍵不放，此時游標會變成 。

Step2

接著拖曳此活頁標籤到要複製的地方，然後按下
鍵盤上的 Ctrl 鍵，當游標變成ℝ時，放開滑鼠左
鍵及鍵盤上的 Ctrl ，此時原來的工作表就會被複
製到新的工作表了。

Tips 另外，在要複製的工作表活頁標籤上按滑鼠右
鍵，再點選快速選單中的【移動或複製】，並勾選「建
立複本」，也可以複製工作表。

Trick 13 重新命名工作表

看膩了工作表千篇一律的名稱〔工作表1〕、〔工作表2〕、〔工作表3〕了嗎？或是常搞不清楚哪一
個工作表的內容是什麼嗎？趕快來看看如何幫工作表重新命名，讓工作表更容易一目瞭然。

Step1

在要更改名稱的工作表活頁標籤上，按一下滑鼠
右鍵，接著在快速選單中點選【重新命名】，即
可自行修改工作表的名稱了。

Trick 14 設定工作群組

把好幾個同時作用的工作表設定爲工作群組，這樣在輸入或刪除資料時，就可以方便地同步執行，而
不需要一個工作表一個工作表做重複的動作囉！

Step1

先選取第一個工作表，接著按住鍵盤上的 Ctrl 鍵
不放，然後接著點選其他的工作表，此時兩個工
作表的活頁標籤都會變成白色。

Tips 要取消選取的工作群組，只要在任一個未被選
取的工作表活頁標籤上按一下滑鼠左鍵即可。

此時只要在其中一個工作表上，輸入任何的內容，切換到其他的工作表，就會看到其他工作表的同一個儲存格上，也都同時填入相同的內容囉！

(Tips) 若要將所有工作表設定為工作表群組，可以在任一工作表上按滑鼠右鍵，並從快速選單上點選【選取所有工作表】即可。

Trick 15 變更工作表活頁標籤色彩

當一個 Excel 活頁簿中，工作表的數量和類別繁多時，我們可以將工作表活頁標籤設定為不同顏色，以區隔不同類別的工作表。

Step1

在要變更的工作表活頁標籤上按一下滑鼠右鍵，然後點選快速選單中的【索引標籤色彩】，即可從延伸選單中選取適合的顏色，即可改變工作表活頁標籤的色彩。

Trick 16 隱藏特定的工作表

有些工作表，可能不希望被其他人看到或去修改，這時候我們可以將這些工作表隱藏起來，但仍能保有其他工作表與該工作表內容的相關連動。

Step1

在要隱藏的工作表活頁標籤上，按滑鼠右鍵，接著從快速選單中點選【隱藏】，即可將該工作表隱藏起來，而並非刪除掉。

(Tips) 只要在其他工作表活頁標籤上按滑鼠右鍵，並從快速選單中選取【取消隱藏】，即可從「取消隱藏」對話盒中，找到被隱藏的工作表。

Chapter 3
表單編輯技巧

在 Excel 中，有非常多儲存格的格式設定技巧，學會這些技巧，可以幫助我們更靈活運用 Excel。此外，還有一些表單的編輯技巧，像是在表單中加入圖案、增加表單框線、將表單加上背景色、在表單中加入說明註解文字，以及利用 SmartArt 圖形在表單中繪製循環圖等，一旦學會，保證妙用無窮！

Trick 01 設定資料自動換列

當儲存格的文字過多，以致超過儲存格寬度時，除了合併儲存格或增加寬度外，另一個方法就是將儲存格設定為自動換列，如此一來不但文字都能顯示，表格寬度也不會變來變去的。

Step1

先在要設定自動換列的儲存格上按一下滑鼠右鍵，然後從快速選單中點選【儲存格格式】。

Step2

此時會出現「儲存格格式」對話盒，切換到【對齊方式】活頁標籤，並勾選「文字控制」底下的「自動換列」，再按下〔確定〕即可看到儲存格中的文字由於自動換列的關係，編排成符合儲存格寬度的樣式了。

(Tips) 儲存格內容輸入過程中，同時按下 Alt + Enter 鍵，可以做手動換行的動作。

Trick 02 設定儲存格資料格式

在 Excel 的儲存格中，有數值、貨幣、日期、會計等各種不同的資料格式，套用不同的格式後，不但能讓儲存格正確顯示我們要的格式內容，也能讓儲存格針對這些格式進行不同的運算功能。

Step1

先選取要套用格式的儲存格，然後按一下滑鼠右鍵，並點選快速選單中的【儲存格格式】。

Step2

此時會出現「儲存格格式」對話盒，切換到【數值】活頁標籤，再從「類別」中選取儲存格的類別，接著從右側窗格中選取要顯示的類型，從上方範例預覽顯示結果確認無誤後，按下〔確定〕即完成。

(Tips) 每種類別的數值類型均不相同，可以根據自己的需求進行設定。

Trick 08 自動輸入連續性的資料

如果我們需要在 Excel 中輸入連續性的資料內容，可別傻傻的一格一格慢慢輸入。只要輸入兩格，聰明的 Excel 就可以自動幫我們把其他的儲存格內容給補齊哦！

Step1

先在儲存格中輸入連續兩格的資料，接著選取這兩個儲存格，並將游標移到選取範圍的右下角，當游標變成＋時，按住滑鼠左鍵不放，並向下拖曳到要填滿的儲存格。

(Tips) 同樣也可以利用拖曳滑鼠的方式，在橫列中自動填入連續性資料。

Step2

放開滑鼠左鍵後，Excel 就會自動把其餘的儲存格，依照前面的連續性補齊內容了。

Tips 搭配不同的鍵盤組合鍵，可以完成不同的填滿方式：

Ctrl ＋滑鼠左鍵：複製相同的資料。

Trick 04 利用「填滿」功能輸入規律性資料

有時要填入的儲存格內容，並不是連續性的數字，但其中又有一定的規則，這個時候千萬不要放棄，我們還可以利用進階的填入功能，讓 Excel 乖乖幫我們填滿儲存格。

Step1

先在第一個儲存格中填入一筆資料，接著選取要填滿數列的儲存格，然後依序點選【常用】活頁標籤 「編輯」群組中的「填滿」，並從下拉選單中選取【數列】。

Step2

「數列」對話盒出現後，先在「類型」區塊中點選要填入的儲存格類型，若為「日期」類型，則接著在「日期單位」區塊中點選要遞增的單位，以及間距值，最後按下〔確定〕。

Step3

此時就可以看到在選取的範圍內，已經根據我們的設定，填入正確的內容，很神奇吧！

Trick **05** 自動填滿等差數列

如果我們要填入的相鄰數列資料，雖然具有規則性，但間隔不是連續的，即使這種情形，對 Excel 來說可是一點也難不倒的啦！

Step1

先輸入兩個儲存格的內容，然後選取這兩個儲存格，並將游標移到儲存格右下角，當游標變成＋狀時，按住滑鼠左鍵不放。

> (Tips) 如果是純粹數字的數列，一定要先有兩個儲存格的資料再做拖曳；如果只拖曳一個儲存格的數字，則會產生複製的狀況，而不是等差數列。

Step2

向下拖曳到要填滿的儲存格後，可以發現 Excel 在做「自動填滿」功能時，正確地計算出間格相差不是 1 的數列內容哦！

Trick 06 輸入分數資料

我們常會需要在工作表中輸入分數的資料，不過卻不曉得如何輸入才正確嗎？此時只要依照底下介紹的這個技巧，就能順利輸入分數資料囉！

Step1

想要輸入如「41/5」的分數資料，要先輸入整數數字「4」（如果沒有整數部分，就請輸入「0」），接著按鍵盤上的空白鍵，再依序輸入分子「1」→「/」→分母「5」，最後按下 Enter，就能正確完成帶分數的輸入。

Tips 如果希望在儲存格中顯示以「0」開頭的資料，可以在前面加上「'」符號，如「'01」，這樣就能在儲存格中顯示「01」了。

Trick 07 同時輸入多筆資料

在輸入資料時，如果需要在多個儲存格中輸入相同的內容時，就可以利用這個技巧，一次輸入多筆相同的資料。

Step1

在工作表中選取要輸入資料的儲存格範圍，接著在選取區域範圍的第一個儲存格中輸入資料內容，輸入完畢後按下鍵盤上的 Ctrl + Enter 鍵，所選取的儲存格就自動填入相同內容了。

Trick 08 幫工作表畫上框線

當工作表製作完成後，為了美觀或強調某些特別的欄位，我們可以幫儲存格畫上框線，美化工作表。

Step1

首先選取要設定框線的儲存格區域，接著按下【常用】活頁標籤→「字型」群組中「下框線」旁的下拉選單，並從下拉選單中選取【所有框線】。

Tips 也可以只針對儲存格的特定位置繪製框線。

Step2

此時所有選取的儲存格區域，就全都會
出現框線了。

(Tips) 點選【常用】活頁標籤→「字型」
群組旁的 ↘，開啟「儲存格格式」對話
盒後，切換至【外框】活頁標籤，還可
以自訂外框的線條樣式。

Trick 09　幫儲存格填入其他色彩

除了幫儲存格加上框線外，我們還可以幫儲存格填入不同的色彩，如此一來可以更加強調某些欄位的
重要性，讓工作表看起來更清爽明瞭。

Step1

選取要填入色彩的儲存格，然後依序點
選【常用】活頁標籤→「字型」群組右
下角的 ↘ 圖示。

Step2

此時會跳出「儲存格格式」對話盒，切
換至【填滿】活頁標籤，在「背景色彩」
區中點選想要的顏色，然後按下〔確定〕
即可。

(Tips) 直接按下【常用】活頁標籤「字
型」群組中「填滿色彩」 ◇ ﹣旁的下拉選
單，也可以幫儲存格加上背景色。

Trick 10　幫儲存格新增註解

有時其他人不見得都能了解每一個儲存格的定義，此時就需要幫這些特定的儲存格加上一些「註解」，
讓大家都能更清楚儲存格有什麼特別的意義。

Step1

在要加上註解的儲存格上按一下滑鼠右鍵，
再點選快速選單中的【新增註解】。

Tips 也可以按下【校閱】活頁標籤→「註解」
群組中的「新增註解」，進行新增註解的操
作。

Step2

此時，在儲存格右上角會出現一個三角形的
紫色記號 ，即可開始在旁邊的紫色方塊中
則輸入註解的內容。輸入完畢後，在綠色箭
頭 按一下滑鼠左鍵就完成了。

Tips 註解輸入完成後，如果只是按鍵盤上的
Enter 鍵，將只會在註解方塊中新增一行而
已。

Step3

往後只要將游標移到有註解記號的儲存格
上，就會自動出現該儲存格的註解內容。

Tips 我們也能在註解方塊看到是哪位使用者
新增的註解。

Trick **11** 修改及刪除註解

如果事後發現儲存格上的註解需要進行修改，或不再需要註解時，可以對註解進行編輯及刪除的動作。

Step1

把滑鼠移到在要更改註解的儲存格上，出現註解方塊後按下編輯註解 ✐ 按鈕，就可以開始修改註解裡的文字了。

(Tips) 在註解方塊中點選其他對話動作 ⋯ 按鈕，就能將不需要的註解刪除掉，或是在要刪除註解的儲存格上按滑鼠右鍵，再點選快速選單中的【刪除註解】。

Trick **12** 在工作表中插入圖案

在 Excel 中，除了讓人眼花的儲存格，我們也可以和 Word 一樣，適時插入一些圖案，讓工作表看起來輕鬆一點。

Step1

依序點選【插入】活頁標籤→「圖例」群組中的「圖案」，即可在下拉選單中選取要插入工作表中的幾何圖案。

(Tips) 當然你也可以插入電腦中的圖片，或是系統內建的美工圖案。

Step2

圖案插入後，還可以依照前面 Word 中介紹過的方式，幫圖案進行各種加工。

Trick 13 用 SmartArt 圖形繪製循環圖

在 Excel 365 中，也可以加入美觀的 SmartArt 圖形，加上多采多姿的 SmartArt 圖形，將使我們的工作表看起來更加具有專業感。

Step1

依序點選【插入】活頁標籤「圖例」群組中的「SmartArt」，開啟「選擇 SmartArt 圖形」對話盒後，從左側窗格選取要加入的圖形類別，再從中間窗格選取合適的圖形，在右側預覽確認後按下〔確定〕。

Step2

此時在工作表中會插入選定的 SmartArt 圖形，接著即可在圖形中的 [文字] 上按一下滑鼠左鍵，開始輸入文字。

Chapter 4
函數公式與樞紐分析

Excel 最主要的功能之一，就是可以運用公式與函數，將儲存格資料加以運算。一旦學會設定公式與函數技巧，將能更靈活運用 Excel，幫助我們完成各種運算！此外，密密麻麻的工作表，若能搭配圖表的輔助，將能使各個數值更一目瞭然，並更利於分析統計。

Trick 01 輸入公式

設定公式最基本的方法，就是先選取要運算的儲存格，然後加上自己輸入的加減乘除等運算符號或 Excel 內建的函數，就可以完成各項運算。

Step1

先在儲存格中輸入「=」符號，接著將游標移到要進行運算的儲存格「A4」上，並按一下滑鼠左鍵。

Step2

接著輸入運算符號，再選取其他要進行運算的儲存格「B4」，此時原來的儲存格「D2」即會根據前面所指定的儲存格及運算公式，顯示出運算後的結果。

Tips 一般而言，Excel 的公式運算邏輯和數學公式概念相同，也就是依循「先乘除、後加減」的順序進行運算。

Trick 02 插入函數

除了基本的加減乘除運算式之外,還可以透過 Excel 365 內建強大的函數功能,進行各種更為複雜的運算。

Step1

將游標移到要插入函數的儲存格,然後點選【公式】活頁標籤,並從「函數程式庫」群組中挑選要進行的函數類型。

Step2

接著選取要進行運算的儲存格後,按下 `Enter`鍵,即可自動運算出函數的結果。

Trick 03 手動插入函數

當我們對 Excel 的函數更熟悉的時候,不需要每次都透過【公式】活頁標籤來設定函數,此時我們可以利用更直接簡便的方法,進行函數的輸入。

Step1

點選【公式】活頁標籤→「函數程式庫」群組中的「插入函數」,此時會開啟「插入函數」對話盒。

(Tips) 也可以直接按鍵盤上的 `Shift` + `F3` 鍵開啟「插入函數」對話盒。

Step2

接著在「插入函數」對話盒的「或選取類別」下拉選單中，可以選取函數類型，然後從「選取函數」方框中，點選要加入的函數，並按下〔確定〕。

Tips 如果對於要運算的函數不熟悉，可以在「搜尋函數」方框中輸入關鍵字，簡短描述要進行的運算，然後按下〔開始〕，Excel 會在「選取函數」的地方列出可能的函數。

Step3

接著會開啟「函數引數」對話盒，並根據函數的不同，而出現不同的引數輸入框格。此時可以直接輸入引數內容，或是從 Excel 工作表中選取，在「函數引數」對話盒中間會出現預覽的計算結果，確認引數輸入無誤後，按下〔確定〕即完成。

Trick 04 複製公式

當相鄰的儲存格所需要輸入的運算公式或函數相同時，也可以將現有的公式，快速複製到其他儲存格上哦！

Step1

將游標移到已輸入公式的儲存格右下角，當游標變成 ＋ 後，按住滑鼠左鍵不放，拖曳到要複製公式的儲存格範圍後，公式就會被複製到每一個儲存格上。

Tips 複製的公式會依據每列儲存格相對位置的不同，自動將公式調整為相對應的儲存格內容。如「E1」中的公式為「AVERAGE(A1:A8)」，將公式複製到「F1」後，就會變成「AVERAGE(B1:B8)」。

Trick 05 顯示運算公式

有時別人可能不清楚公式的運算方式，儲存格除了顯示最後的運算結果外，還能設定成顯示公式哦！

Step1

先選取有計算公式的儲存格，然後依序點選【公式】活頁標籤→「公式稽核」群組中的「顯示公式」，此時原本只顯示出公式計算結果的儲存格，現在都以公式表示出來。

(Tips) 設定顯示公式中的儲存格位址和所對應的儲存格會以同一顏色標示，以方便查詢核對。若要取消顯示公式，則再按下「顯示公式」按鈕即可。

Trick 06 追蹤公式錯誤

有時當工作表過於複雜，公式又是複製來複製去的時候，偶而就會出現公式套用錯誤的情形。這時候，就可利用「錯誤檢查」的功能，來查核公式中所參照的儲存格流向，以便找出錯誤之處。

Step1

選取出現錯誤的儲存格，接著點選【公式】活頁標籤→「公式稽核」群組中的「錯誤檢查」。

(Tips) 當上下或左右公式不一致時，Excel 會自動在儲存格左側出現警告標示⚠，在其上按一下滑鼠左鍵，同樣可以追蹤公式錯誤之處。

Step2

此時會跳出「錯誤檢查」對話盒，並顯示公式錯誤可能發生的原因。

(Tips) 如果希望追查計算的步驟流程，可以在「錯誤檢查」對話盒中點選〔顯示計算步驟〕按鈕，逐一進行運算的過程。

Trick 07 相對位址與絕對位址的參照

「相對位址」是指複製公式時，能依照儲存格位置的不同，自動在公式中替換成相對應的儲存格；而「絕對位址」則不管在哪個儲存格複製公式，都是以同樣的儲存格進行運算。我們可以依需求進行有不同的設定方式哦！

Step1

如圖所示，假設我們希望儲存格「E1」的公式「=A1+B1」複製到儲存格「E2」時，能保持 B1 固定不變，即變成「=A2+B1」。此時則需在公式中的「B」和「1」前，加上絕對位址的符號「$」，讓「E1」的公式變成「=A1+$B$1」。

(Tips) 如果是「B$2」就稱為「混合位址」，當複製公式時「欄」會跟著變動，但是「列」卻固定在第 2 列。

Step2

此時將儲存格「E1」的公式向下複製，就可以看到其他儲存格的公式中，相對位址都改變了，只有絕對位址「$B$2」沒有改變。

(Tips) 也就是說，複製到儲存格「E2」的公式變成了「=A2+$B$1」，結果即為「12」。

Trick 08 快速排序資料

如果想針對某一欄的資料進行整個工作表的排序，並希望其他欄位也跟著一起移動，這時候 Excel 中的排序功能正好可以派上用場。

Step1

選取要排序的欄位後，依序點選【常用】活頁標籤→「編輯」群組中的「排序與篩選」，接著從下拉選單中選取【從最小到最大排序】。

(Tips) 如果希望是以降冪的方式排序，則在下拉選單中點選【從最大到最小排序】。

Step2

此時即可看到所有資料已經依排名由小到大
排序完成，而且其他欄位的資料內容也跟著
移動。

> **Tips** 如果選取了某一欄再進行排序的動作，
> 那麼只會針對那一欄的內容產生排序，其他
> 欄位的順序仍維持不變。

Trick **09** 快速篩選資料

當一份工作表的資料量相當龐大時，利用「篩選」功能可以快速地檢視特定的資料，也可以針對這些
特定資料進行單獨的運算。

Step1

開啟活頁簿後，點選【常用】活頁標籤→「編
輯」群組中的「排序與篩選」，並從下拉選
單中選取【篩選】。

> **Tips** 也可以直接按鍵盤上的 `Ctrl` + `Shift` +
> `L` 組合鍵，進行篩選的動作。

Step2

此時第一列的每個儲存格旁都會出現「下拉
選單」▾ 符號，點選要篩選的欄位下拉選
單，從選單中勾選要篩選的條件後，按下
〔確定〕。

> **Tips** 如果選取的範圍不是在可篩選的資料
> 內，就會出現「無法使用指定的範圍……，
> 然後再執行指令一次。」對話盒，這時按下
> 〔確定〕，重新選取範圍內的儲存格，再操
> 作一次即可。

Step3

接著工作表上只會出現符合篩選條件的資料，其中篩選欄位旁的下拉選單圖示也會變成 ▼，表示是依據這個欄位進行篩選的。

(Tips) 如果對於要運算的函數不熟悉，可以在「搜尋函數」方其他未顯示的資料只是隱藏起來而已，並沒有因為篩選的動作而消失或遭刪除，不必擔心原始資料受到變動。

Trick 10 進階篩選資料

當相鄰的儲存格所需要輸入的運算公式或函數相同時，也可以將現有的公式，快速複製到其他儲存格上哦！

Step1

利用前面介紹的方式設定篩選後，點選篩選欄位旁的下拉選單，並選擇【數字篩選】，再從子選單中挑選要進行篩選的條件。

(Tips) 如果是文字格式，則會出現【文字篩選】，子選單內的選項也會不同。

Step2

此時會出現「自訂自動篩選」對話盒，即可進行更詳細的篩選條件設定，設定好按下〔確定〕即完成。

Trick 11　製作圖表

密密麻麻的工作表，若能搭配圖表的輔助，將能更清楚地呈現資料的統計狀況，使各個數值更一目瞭然，並更利於分析統計。

Step1

依序點選【插入】活頁標籤「圖表」群組旁的 ⏷，此時會出現「插入圖表」對話盒。

> (Tips) 如果只想針對工作表部分儲存格範圍製作圖表，就要先選取資料範圍。

Step2

接著在「插入圖表」對話盒左側窗格中，點選「所有圖表」選擇圖表類型，並從右側窗格選取合適的圖表樣式後，按下〔確定〕。

Step3

回到工作表後，即可看到我們剛才選取的圖表，已經依據儲存格裡的各項數值製成圖表，我們還可以在【圖表設計】的活頁標籤中，對圖表進行樣式及版面配置的調整。

Trick **12** 變更圖表類型

如果圖表製作完成後，才發現並不符合我們的需求時怎麼辦呢？別擔心，Excel 365 提供了反悔的功能，即使製作完成的圖表，還是可以快速變更成其他的圖表。

Step1

選取要變更的圖表，接著從【插入】活頁標籤的「圖表」群組中，挑選要變更的圖表類型，即可將原本的圖表變成其他樣式的圖表。

Trick **13** 設定圖表版面配置

在 Excel 365 中，插入合適的圖表後，還可以針對圖表的版面配置，以及圖表裡的圖例和標題進行格式的設定，讓圖表更美觀。

Step1

選取要進行設定的圖表，然後依序點選【圖表設計】活頁標籤→「圖表版面配置」群組中的「快速版面配置」，即可從下拉選單中選擇合適的版面配置。

Step2

另外，點選【圖表設計】活頁標籤→「圖表版面配置」群組中的「新增版面配置」，還可以針對標籤、座標軸和背景等，進行各項細節的調整。

Trick **14** 設定圖表的背景色

剛製作好的圖表，在預設情況下背景是沒有色彩的，此時我們可以根據需求，自行設定圖表區、繪圖區或是整個圖表的背景色，讓圖表更加美觀。

Step1

選取圖表區後，點選【格式】活頁標籤中「圖案樣式」群組的「圖案填滿」，即可從下拉選單中選取合適的背景顏色。

> (Tips) 將游標移到「圖案填滿」下拉選單時，可即時預覽填滿背景色的效果。

Step2

另外，若選取的範圍是圖表中的繪圖區，點選「圖案填滿」時，就會幫繪圖區加上背景色；如果沒有選取範圍，那麼就會幫整張圖表加上背景色。

Trick **15** 建立樞紐分析表

對於一些資料量龐大的工作表，常會需要進行資料上的匯整。這時候，Excel 365 中非常好用的「樞紐分析表」就派上用場了，千萬別被這個陌生的專有名詞給嚇到了，操作起來可一點都不難哦！

Step1

開啟要建立樞紐分析表的檔案，然後依序點選【插入】活頁標籤→「表格」群組中的「樞紐分析表」，並從下拉選單中選取【樞紐分析表】。

Step2

此時會開啟「來自表格或範圍的樞紐分析表」對話盒，在「選取表格或範圍」框格中輸入所需的資料範圍後，點選「新工作表」，接著按下〔確定〕。

(Tips) 點選「新工作表」，建立的樞紐分析表會放在新的工作表中；若點選「已經存在的工作表」，則表示將建立的樞紐分析表會放置在原工作表中。

Step3

此時會出現一個空的樞紐分析表，視窗右側也會出現「樞紐分析表欄位」窗格，我們可以用拖曳的方式，將清單中的欄位依需求拖曳到下方，進行樞紐分析表的欄位配置。

Step4

如果計算的值不符合我們的需求，可以點選右邊窗格下方的欄位名稱，並從下拉選單中選取【值欄位設定】。

Step5

接著在「值欄位設定」對話盒中，即改變欄位的計算方式，並可自訂欄位名稱，變更完畢按下〔確定〕即完成。

Trick 16 同時建立樞紐分析圖及樞紐分析表

除了樞紐分析表外，也可以利用同樣的方式，在建立樞紐分析表的同時，也建立所需的樞紐分析圖，讓資料數據分析更加清晰詳細。

Step1

開啟要建立樞紐分析表的檔案，然後依序點選【插入】活頁標籤→「圖表」群組中的「樞紐分析圖」，並從下拉選單中選取【樞紐分析圖和樞紐分析表】。

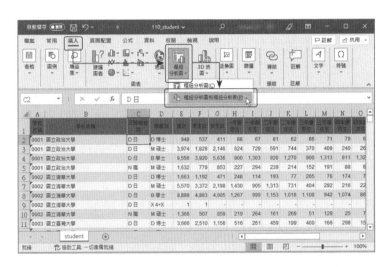

Step2

接著依前述方法建立樞紐分析表，即會同時產生樞紐分析表及樞紐分析圖了。

(Tips) 可以利用功能區的「樞紐分析圖工具」各項功能，進行「樞紐分析圖」的各項細節設定與調整。

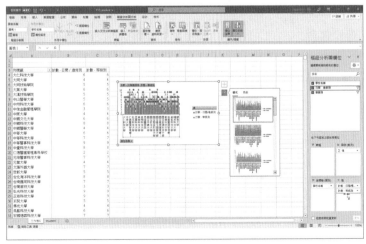

Chapter 5
檔案安全性設定

因應工作報表的不同屬性，Excel 設計了不同程度的保護措施，從基本的單張工作表的保護、整本活頁簿的保護，到最高級的機密文件的開啟保護，一應俱全。對於一些保密性的資料，若不想被別人看到，就可以利用保護密碼將資料隱藏起來；或是有些報表不容許其他人更改，也可以選擇將其「鎖」起來，避免被人做任何修改。

Trick 01 設定開啟檔案的保護密碼

對於機密文件的保護要更加嚴密，根本之道就是設定開啟檔案的密碼，禁止別人隨意開啟或修改檔案。

Step1

開啟要設定密碼的文件後，依序點選【檔案】活頁標籤→【另存新檔】→【瀏覽】，此時會出現「另存新檔」對話盒，按下左下角的〔工具〕，再從下拉選單中點選【一般選項】。

Step2

接著會跳出「一般選項」對話盒，可以根據檔案的私密程度，在「保護密碼」與「防寫密碼」空白框中設定不同的密碼，然後按下〔確定〕。

Tips 「保護密碼」表示需要密碼才能開啟活頁簿，「防寫密碼」表示可以開啟活頁簿，但需要密碼才能修改內容，可以只選擇設定其中一項密碼保護或兩者都設定。

Step3

接著會出現「確認密碼」對話盒，如果同時設定「保護密碼」及「防寫密碼」，就分別再輸入一次兩者的密碼進行確認，確認無誤後按下〔確定〕即完成。

> Tips 一定要牢牢記住密碼，否則檔案將可能無法開啟。萬一真的忘記了，必須使用「Office Password Remover」這類的軟體，才能重新取得密碼。

Trick 02　取消開啟檔案的保護密碼

如果覺得每次開啟或修改檔案都要輸入密碼只是幫自己添麻煩，或是原先的機密檔案已經不再重要時，可以取消我們設定的保護密碼，節省開啟檔案的時間。

Step1

開啟設定密碼的活頁簿檔案後，點選【檔案】活頁標籤→【另存新檔】，並在「另存新檔」對話盒中按下〔工具〕→【一般選項】。當「一般選項」對話盒出現後，將原本「保護密碼」與「防寫密碼」這兩個框格中的密碼刪除，最後按下〔確定〕並存檔即可。

> Tips 雖然我們是在「另存新檔」對話盒中，但不要用另一名稱去儲存檔案，如此才能將我們更改的設定覆蓋到原檔案中。

Trick 03　讓檔案不被別人任意修改

如果文件不希望設定密碼搞得那麼複雜，但是又不想讓其他人任意修改，這時候可以將文件設定為「完稿狀態」，就只能以唯讀的方式開啟活頁簿檔案了。

Step1

點選【檔案】活頁標籤→【資訊】，接著點選「保護活頁簿」，並從下拉選單中選取【標示為完稿】，在出現的對話盒中按下〔確定〕後，即可將活頁簿檔案變更為唯讀狀態了。

Trick **04** 保護單張的工作表

如果一份活頁簿檔案中，只是希望某張工作表的特定功能不想被別人更動時，可以利用 Excel 365 中「保護工作表」的功能，進行工作表的細項功能權限設定。

Step1

先切換到要進行保護設定的工作表，然後依序點選【校閱】活頁標籤→「保護」群組中的「保護工作表」。

> (Tips) 保護工作表的設定，只針對單一工作表。如果每張工作表都要設定保護，就必須逐一進行設定。

Step2

此時會出現「保護工作表」對話盒，在「允許此工作表的所有使用者」選單中，勾選允許使用者執行的項目。接著在「要取消保護工作表的密碼」方框中輸入密碼，然後按下〔確定〕。在「確認密碼」對話盒中再次輸入密碼後，最後按下〔確定〕，就可以在允許的某些權限下，保護這張工作表了。

> (Tips) 密碼的字數不限，但英文的大小寫有區別。

Step3

當要在工作表中進行非允許的動作時，就會跳出警告對話盒，除非取消保護工作表，否則將無法進行相關動作。

> (Tips) 要取消保護工作表，則按下【校閱】活頁標籤→「變更」群組中的「取消保護工作表」，並在「取消保護工作表」對話盒中輸入密碼，再按下〔確定〕，即可取消該工作表的保護。

Trick 05　保護整本的活頁簿

工作表的保護，是針對工作表內容的操作權限進行設定，雖然別人無法修改工作表內容，卻可以把這張工作表刪除掉。因此對於重要的文件，最好還要將整個活頁簿鎖起來，防止其他人修改活頁簿的結構或工作表的視窗大小。

Step1

依序點選【校閱】活頁標籤→「保護」群組中的「保護活頁簿」，此時會出現「保護結構及視窗」對話盒。勾選要保護的選項，然後在「密碼」方框中輸入密碼，再按下〔確定〕。在「確認密碼」對話盒中再次確認密碼並按下〔確定〕，即完成設定。

> (Tips)「保護結構及視窗」對話盒裡的「結構」保護，可以預防使用者刪除、移動、隱藏、取消隱藏、重新命名、插入工作表等；而「視窗」保護，則可以預防使用者改變工作表視窗的位置及大小。

Step2

此時在左下角的工作表活頁標籤按滑鼠右鍵，就會發現有些功能是禁止操作的。

Trick 06　取消活頁簿的保護設定

如果想一想又想取消活頁簿的保護設定時，就要記住前面設定的密碼，否則將無法取消保護活頁簿哦！

Step1

依序點選【校閱】活頁標籤→「變更」群組中的「保護活頁簿」，當出現「取消保護活頁簿」對話盒後，輸入密碼再按下〔確定〕，就可以取消保護活頁簿的設定了。

Chapter 6
版面設定與列印技巧

在 Excel 365 中，有關列印的設定大致與 Office 的其他軟體相同，不過若想把文件列印的更漂亮，Excel 還有一些特殊技巧，像是調整列印範圍、自動在每一頁加上標題列、縮小或放大列印等功能，能讓文件印得更清楚、美觀又完整哦！

Trick 01 使用預覽列印功能檢視內容

為了避免浪費紙張，列印前可以先預覽一下列印的結果，再決定是否要列印，或是需要再加以調整。

Step1

點選【檔案】活頁標籤→【列印】，即可在右側窗格即時檢視列印效果，同時底下會顯示總共的頁數，而你也可以點選左右箭頭切換到其他頁。

Trick 02 利用「分頁預覽」觀看列印範圍

如果覺得預覽列印的方法不夠犀利，我們還可以利用「分頁預覽」的方法，來檢視列印的頁面與各頁的排列情形。

Step1

依序點選【檢視】活頁標籤→「活頁簿檢視」群組中的「分頁預覽」，即可看到工作表中以藍色虛線呈現「分頁預覽」的畫面，並有第幾頁的浮水印。

Trick 03 利用分頁線調整列印頁面大小

利用「分頁預覽」的方式，也可以調整列印頁面的大小哦！這樣不但能更直覺地調整頁面大小，而且可以按照儲存格的資料內容，來決定適當的分頁位置。

Step1

將工作表切換到「分頁預覽」模式後，將游標移到要調整的藍色分頁虛線上，當游標變成 ↔ 狀時，按住滑鼠左鍵不放，即可將虛線拖曳到要列印的範圍。

Step2

放開滑鼠左鍵後，會發現原本的分頁線經過調整之後，變成以實線方式顯示。

> (Tips) 虛線的分頁線代表電腦預設的列印範圍，經過調整之後的分頁線則以實線表示。調整好之後，可按下「標準模式」按鈕，返回編輯模式。

Trick 04 只列印選取範圍

Excel 不只可以整頁列印，還可以只列印特定的選取範圍，這樣子也可以輕鬆隱藏其他不需要列印出來的資料了。

Step1

先選取要列印的範圍，然後點選【檔案】活頁標籤→【列印】，然後在窗格中間「設定」的地方，點選「列印使用中的工作表」，並從下拉選單中選取【列印選取範圍】，就會只列印選取的儲存格範圍。

> (Tips) 選好之後右側預覽窗格可以直接預覽列印的效果。

Trick 05 列印整本活頁簿

有時我們並不只要列印活頁簿中的某個工作表,而是需要將所有的工作表全部列印出來。這時候,只有沒看過這則技巧的人,才會一張一張工作表去點選列印。

Step1

點選【檔案】活頁標籤中的【列印】,然後從「設定」下方的「列印使用中的工作表」下拉選單中,選取【列印整本活頁簿】功能,就可以一次將整本活頁簿裡的所有工作表通通列印出來。

> **(Tips)** 在「列印」的「複本」方框中,可以輸入要列印的活頁簿份數。

Trick 06 跨頁列印標題

當要列印的工作表超過一頁時,如果能在每一頁的開頭,都自動加上標題列與標題欄,這樣就不必每次都得翻到第一頁,才能知道每個欄位的定義了。嗯! Excel 很聰明,不需要我們逐頁加上標題列哦!

Step1

依序點選【頁面配置】活頁標籤→「版面設定」群組中的「列印標題」,此時會開啟「版面設定」對話盒。

Step2

切換到【工作表】活頁標籤,接著在「列印標題」底下的「標題列」及「標題欄」空白框中,輸入標題列及標題欄的範圍,最後按下〔確定〕,即可在列印時自動在每一頁加上標題列及標題欄。

Trick 07 設定列印格線

雖然在 Excel 可以幫儲存格加上框線，但是框線列印出來太黑太粗，有時反而會影響閱讀的視覺。這時候，我們可以設定一下，不必加上框線，也能把儲存格格線列印出來。

Step1

點選【頁面配置】活頁標籤→「版面設定」群組中的「列印標題」，並將「版面設定」對話盒切換到【工作表】活頁標籤，然後勾選「列印格線」，再按下〔確定〕，就可以在列印時讓所有的儲存格都加上細緻不礙眼的格線。

Tips 在【檔案】活頁標籤的「列印」中，也可以預覽加上格線的列印效果。

Trick 08 調整列印範圍的大小

當資料範圍只超出列印範圍一點點時，可以藉著調整邊界範圍，讓紙張容納所有的資料。

Step1

依序點選【頁面配置】活頁標籤→「版面設定」群組中的「邊界」即可從下拉選單中選取現成的邊界設定值，並可至【檔案】活頁標籤的「列印」中，預覽列印效果。

Tips 如果在下拉選單中找不到合適的邊界大小，也可以點選【自訂邊界】，自行設定上、下、左、右的邊界寬度。

Trick 09 縮放工作表大小以符合列印頁數

除了設定邊界外，還可以透過縮放比例的方式，縮放工作表的顯示大小，調整至符合列印紙張的大小。

Step1

切換到【頁面配置】活頁標籤後，點選「版面設定」旁的 ⬛ 圖示，此時會跳出「版面設定」對話盒。

Step2

將「版面設定」對話盒切換到【頁面】活頁標籤，並在「縮放比例」中點選「調整成」，然後設定要調整成幾頁寬和幾頁高後，按下〔確定〕即完成。

> (Tips) 在【檔案】活頁標籤的「列印」中，可以預覽縮放後的列印效果。

Trick 10 置中列印讓報表更美麗

Excel 預設會將文件靠左上角列印，如果資料的範圍較小，列印出來可能就不是那麼好看，這時可以將工作表改成「置中」列印，讓印出來的文件更美觀。

Step1

點選【版面配置】活頁標籤中「版面設定」旁的 ⤢ 圖示，並將跳出的「版面設定」對話盒切換到【邊界】活頁標籤。接著在「置中方式」中勾選要置中的選項後，按下〔確定〕即完成。

> (Tips) 在【檔案】活頁標籤的「列印」中，同樣可以預覽置中的效果。

Trick 11 設定列印的頁首及頁尾

如果在列印 Excel 工作表時，能在頁首或頁尾適時加上一些頁碼、檔案名稱、工作表名稱或時間等資訊，將使日後整理紙本文件時更一目瞭然。

Step1

切換到【插入】活頁標籤後，點選「文字」群組中的「頁首及頁尾」。

Step2

即可在【頁首及頁尾工具】活頁標籤中，根據需求在頁首和頁尾插入相關的項目。

> (Tips) 還可以勾選「首頁不同」、「奇偶頁不同」等項目。

Step3

此外，點選【頁面配置】活頁標籤中「版面設定」旁的 ⌟ 圖示，也可以在「版面設定」對話盒的【頁首/頁尾】活頁標籤中，進行頁首和頁尾的設定。

Trick **12** 更改報表的列印順序

一般在列印工作表時，會從上往下循欄列印，不過有時可能會需要從左至右循列列印的方式，這時候就需要更改報表的列印順序。

Step1

點選【頁面配置】活頁標籤中「版面設定」旁的 ⌟ 圖示，將「版面設定」對話盒切換到【工作表】活頁標籤，接著在「列印方式」中選擇列印的方向，最後按下〔確定〕即完成。

PowerPoint 簡報高手

PowerPoint 365 主視窗操作介面簡介

❶ **活頁標籤**：按一下不同的活頁標籤，即可打開相應的功能群組。

❷ **功能群組**：在功能區中包括很多群組，並集合 PowerPoint 多個功能按鈕。

❸ **標題列**：顯示投影片標題，也可以查看目前開啟的檔案名稱。

❹ **快速存取工具列**：在該工具列中集成了多個常用的按鈕例如：「復原」、「列印」按鈕等，在預設狀態下是「儲存檔案」、「復原」和「取消復原」按鈕。

❺ **視窗控制按鈕**：使視窗最大化、最小化的控制按鈕。

❻ **帳戶**：顯示使用者的 Microsoft 帳戶，並可切換不同的帳戶。

❼ **大綱／投影片瀏覽窗格**：顯示投影片的大綱或投影片縮圖。

❽ **投影片窗格**：顯示目前投影片，使用者可以在該窗格中對投影片內容進行編輯。

❾ **備忘稿**：可用來新增與投影片內容相關的註釋，供演講者簡報時參考。

❿ **狀態列**：狀態列用於顯示目前的檔案資訊。

⓫ **版面配置**：用於快速切換到不同的版面配置。

⓬ **顯示比例**：透過拖曳中間的縮放滑桿來選擇工作區的顯示比例。

Chapter 1

PowerPoint 簡報基礎操作

想要建立精美的簡報，PowerPoint 當然是最好的選擇。在 PowerPoint 中要建立新的簡報檔案有許多方法，像是利用內建的範本、佈景主題或利用現有的簡報檔案來建立新檔。除了學會如何建立簡報外，還要來看看如何增刪簡報中的投影片張數，以及如何設定投影片的版面配置等基本技巧。

Trick 01 利用內建範本建立新檔

利用 PowerPoint 內建範本建立一個新的簡報檔，不但可以加快簡報製作的時間，也會讓我們的簡報檔感覺更專業，這麼好用的方法一定要學起來哦！

Step1

首先切換到【檔案】活頁標籤，然後在左側選單中點選【新增】，此時會出現各式的範本。

Tips 也可以從中間的搜尋方塊中輸入想要的範本類型，搜尋更多類型的範本。

Step2

利用垂直捲軸找到合適的範本後，按下〔建立〕即會將範本樣式就會套用到整份簡報上，只需修改文字或圖片內容即可迅速完成一份簡報檔。

Tips 即使是現成的範本，還是可以運用後面會介紹到的版面配置或佈景主題等功能進行版面及色彩的調整。

Trick 02　利用佈景主題範本建立新檔

除了具有整體風格與調性的範本之外，PowerPoint 還提供數十種顏色、背景及樣式迥異的「佈景主題」，方便我們建立簡報時迅速套用。

Step1

依序點選功能表的【檔案】活頁標籤→【新增】，然後從中間的搜尋方框中輸入佈景主題按下開始搜尋 🔍 按鈕，此時會出現各式的佈景主題，找到合適的佈景主題後按下〔建立〕即可將佈景主題套用到整份簡報上。

Tips 簡報檔製作過程中，隨時都可以透過【設計】活頁標籤中「佈景主題」群組的下拉選單，變更佈景主題。

Trick 03　將簡報檔案以唯讀方式開啟

有時開啟別人已完成的簡報檔案，不希望不小心更動到別人的檔案。此時可以在一開啟檔案時，就以唯讀的方式開啟，這樣打開的檔案就只能瀏覽，不能修改。

Step1

依序點選功能表的【檔案】活頁標籤→【開啟舊檔】→【瀏覽】。跳出「開啟」對話盒出現後，切換到儲存檔案的資料夾，然後點選欲開啟的檔案，再按下〔開啟〕旁的下拉選單，並從選單中點選【開啟為唯讀檔案】即可。

Tips 同時按鍵盤上的 Ctrl + O 鍵，也可以快速開啟「開啟」對話盒。

延伸學習　〔開啟〕下拉選單的各選項說明

【開啟】：以正常方式打開選取的檔案。

【開啟為唯讀檔案】：以唯讀的方式打開選取的檔案，此時檔案只能瀏覽不能修改。

【開啟複本】：對複本的修改不會影響原始檔案。

【以瀏覽器開啟】：對網頁檔案有效，在網頁瀏覽器中顯示檔案。

【以受保護的檢視開啟】：對於來自可能不安全位置的檔案，受保護的模式開啟，可避免遭惡意程式攻擊。

【開啟並修復】：當檔案毀損或不正常關閉時，可以在開啟時同時修復檔案。

Trick 04 新增投影片

在 PowerPoint 簡報檔中要增加一張新的投影片，是一件非常簡單的動作，而且還能直接套用原有的佈景主題呢！

Step1

在【常用】活頁標籤的「投影片」群組中，點選「新增投影片」選單，選擇不同的版面配置後，即可新增一張相同佈景主題的投影片。

> (Tips) 若不需更動版面配置，可以直接按「新增投影片」上面的 🖻 即可快速新增投影片。

Step2

另外，從投影片瀏覽窗格中，在現有的投影片上按滑鼠右鍵，選取快速選單中的【新投影片】，也可以快速新增一張投影片哦！

> (Tips) 同時按鍵盤上的 Ctrl + M 鍵也能快速新增一張投影片。

Trick 05 新增簡報章節

一份比較大的簡報檔，如果沒有區分章節，會對編輯上會有些辛苦。因此在 PowerPoint 365 中「簡報章節」的概念，可以針對單一章節進行編輯，同時也能讓整份簡報的架構更清楚。

Step1

從投影片瀏覽窗格中點選要新增章節的投影片後，點選【常用】活頁標籤「投影片」群組中的「章節」 🔲 按鈕，並從下拉選單中選取【新增節】，即可幫投影片新增章節。

> (Tips) 在投影片瀏覽窗格中按滑鼠右鍵，也可以從快速選單中的選取【新增節】。

再次點選「章節」 按鈕，即可從下拉選單中進行
重新命名章節、移除單一章節或移除所有章節的動
作。

(Tips) 在投影片瀏覽窗格中按滑鼠右鍵，也可以從快速
選單中進行相同的動作。

Trick 06 重新設定投影片的版面配置

在簡報檔製作過程中，如果對投影片版面設置不滿意，隨時都可以重新調整要套用的版面配置，而且
不會變動到佈景主題。

Step1

點選要更換版面的投影片，接著按下【常用】活頁標
籤中「投影片」群組的「投影片版面配置」 按鈕，
就可以在選單中挑選想要更換的版面配置了。

(Tips) 如果改了半天都不滿意，直接按下「版面配置」
按鈕下方的「重設」即可。

Trick 07 將簡報檔標示成完稿

為了區別簡報檔的完成進度，在 PowerPoint 365 中可以為檔案加上「完稿」記號，提醒使用者工作的
進度。一旦打開標示為完稿的檔案，也無法編輯或刪改任何內容。

Step1

依序點選功能表【檔案】活頁標籤→【資訊】→「保
護簡報」，然後在下拉選單中選取【標示為完稿】，
並在跳出的確認對話盒中按下〔確定〕，即可將簡報
檔標示為完稿狀態。

Step2

此時簡報檔會以唯讀的方式開啟，並在上方訊息
列出現「標示為完稿」的訊息。如果要再進行編
輯，只要按下訊息列上的〔繼續編輯〕，即可解
除唯讀的狀態。

> (Tips) 如果找不到上方的訊息列，可以回到【檔
> 案】活頁標籤→【資訊】→「保護簡報」，再點
> 選一次【標示為完稿】，即可恢復為一般狀態。

Trick 08 投影片檢視方式

PowerPoint 365 提供了 5 種不同的檢視方式，使用者可以根據自己的需求，選擇適合的簡報檢視方式
進行檢視和編輯。

Step1

切換到【檢視】活頁標籤，即可在「簡報檢視」
群組中，依需求點選「標準模式」、「大綱模
式」、「投影片瀏覽」、「備忘稿」或「閱讀檢
視」等五種簡報檢視方式。

Trick 09 將簡報存成播放檔

製作完成的簡報檔，我們可以將它直接儲存成 PowerPoint 播放檔，這樣子在進行簡報時，就不需要先
開啟 PowerPoint 並選取檔案後，才能進行播放的動作。

Step1

依序點選【檔案】活頁標籤→【另存新檔】→「瀏
覽」。

Step2

接著在「另存新檔」對話盒中,點選「存檔類型」中下拉選單的「PowerPoint 撥放檔」,按下〔儲存〕即可將檔案儲存成播放檔。

Tips 也可以直接在【檔案】活頁標籤中點選【匯出】,然後利用右方「變更檔案類型」窗格的「簡報檔案類型」下拉選單,將檔案儲存成 PowerPoint 播放檔。

Trick 10 幫簡報檔加上密碼

如果不希望簡報檔讓人任意開啟,可以在儲存檔案時幫簡報檔加上密碼,必須使用密碼才能開啟檔案。

Step1

點選【檔案】活頁標籤→【另存新檔】→「瀏覽」,然後按下「另存新檔」對話盒左下方的〔工具〕,並從下拉選單中選取【一般選項】。

Tips 如果簡報中的圖片較多,可以在下拉選單中選取【壓縮圖片】,存檔時會順便進行壓縮圖片的動作,讓檔案不會太大。

Step2

此時會跳出「一般選項」對話盒,如果希望輸入密碼才能開啟檔案,就在「保護密碼」後方框格中設定密碼;如果希望對方只能讀取不能修改,就在「防寫密碼」後方框格設定密碼。密碼設定好後按下〔確定〕,在「確認密碼」對話盒中再輸入一次密碼並按〔確定〕即完成。

Tips 如果是設定保護密碼,千萬要記住自己設定的密碼,否則會無法開啟簡報檔。要移除密碼的話,只要再進入「一般選項」對話盒,把設定的密碼刪掉再按〔確定〕即可。

Chapter 2
簡報文字標題設定技巧

一張投影片是由文字方塊和各種物件所組成的，接下來就來看看如何在投影片中進行文字美化設定，並利用大綱層次編排簡報內容，以及如何借助備忘稿製作簡報說明提示，讓我們上台進行簡報時，能更加流利順暢。

Trick 01 在投影片中加入文字方塊

雖然在 PowerPoint 預設的版面配置中就可以輸入文字，不過有時預設的版面配置仍無法符合我們的需求。這時候就需要手動加入文字方塊，讓投影片擁有更豐富、充實的內容。

Step1

切換到【插入】活頁標籤的「文字」群組，點選「文字方塊」的下拉選單，選取要「水平文字方塊」或「垂直文字方塊」。接著在要放置文字方塊的位置上按住滑鼠左鍵，就可以依需要的大小拖曳出新的文字方塊。

Tips 如果想刪除文字方塊，只要選取該文字方塊後，再直接按下鍵盤上的 Delete 鍵即可。

Step2

將游標移到文字方塊的邊框上，讓游標變為 ✛ 狀。此時按住滑鼠左鍵拖曳，就能移動文字方塊了。

Tips 拖曳文字方塊四周的端點，可以調整文字方塊的大小。

Step3

將游標移到文字方塊上方的 ⊛ 箭頭符號，當游標變成⟲狀時按住滑鼠左鍵不放，即可對文字方塊進行任意角度的旋轉。

(Tips) 也可以在游標變成 ⟲ 狀時按滑鼠右鍵，從快速選單選取【大小及位置】，然後從「設定圖形格式」對話盒【大小】頁籤中的「旋轉」輸入要旋轉的角度。

Trick **02** 調整文字間距

在 Word 中，我們可以調文字之間的距離，以及段落之間的距離。在 PowerPoint 中，同樣也可以幫文字調整間距，讓簡報閱讀起來更舒適順眼。

Step1

依序點選【常用】活頁標籤→「字型」群組→「字元間距」 ᴬⱽ 按鈕，即可從下拉選單中，選取合適的字元間距。

(Tips) 當游標在下拉選單移動時，可以即時預覽不同的文字間距效果。

Trick **03** 設定讓文字自動換行

如果在一個文字方塊中輸入太多文字，會發現文字都跑到文字方塊甚至投影片外面去了，這時我們可以設定讓文字自動換行，避免文字跑到外面。

Step1

依序點選【常用】→【段落】中的「對齊文字」⫯ 按鈕，在下拉選單中按下「其他選項」。

(Tips) 如果單純要讓文字靠上、靠中或靠下對齊，則直接在下拉選單中選取【上】、【中】或【下】，可即時預覽對齊後的結果。

Step2

此時會打開「設定圖形格式」窗格,切換到「文字方塊」,在「文字方塊」選項區域中勾選「圖案的文字自動換行」核取方塊,即可看到文字方塊中的文字自動換行,整齊的排列在文字方塊內。

Tips 如果自動換行後文字仍超出投影片,可以縮小字體或刪減內容。

Trick 04 設定文字行距

PowerPoint 中除了可以調整字距外,將行距進行適當的調整,也能讓簡報看起來更清爽舒服,調整行距的方式也相當簡單,趕快來看看如何調整簡報檔中的行距吧!

Step1

依序點選【常用】活頁標籤→「段落」群組中的「行距」 按鈕,即可從下拉選單中勾選合適的行距倍數。

Tips 當游標在下拉選單移動時,可即時預覽不同的行距效果。

Trick 05 幫文字加上陰影

在簡報檔中,要強調部分文字內容,除了利用粗體字、變換字體顏色,或是放大字體外,也可以幫這些文字加上陰影哦!而且不需要太複雜的步驟,只要按一個鈕就能達成!

Step1

選取要加陰影的文字後,按下【常用】活頁標籤「字型」群組中的「文字陰影」 S 按鈕,即可為選取的文字加上陰影了。只要再按一次「文字陰影」按鈕,即可取消陰影效果。

Tips 如果沒有選取文字,那麼整個文字方塊的內容都會加上文字陰影效果。

Trick **06** 為文字方塊加上背景顏色

除了利用文字的格式變化，可以用來強調文字的重要性或增進閱讀的方便性外，還可以為文字方塊加上背景顏色，使它看起來更美觀、更引人注意。

Step1

點選欲加上背景顏色的文字方塊，然後在【圖形格式】活頁標籤的「圖案樣式」群組中，點選「圖案填滿」，即可在下拉選單中選擇喜愛的背景顏色了。

(Tips) 除了單一顏色的背景外，還可以選取漸層或各種材質做為文字方塊的背景。

Trick **07** 為文字方塊設定框線

適當地運用文字方塊的框線，可以有效的區隔版面和文字的內容。如果利用框線製作出說明或註解等效果，還可以使簡報的內容更加生動清晰。

Step1

點選欲加上框線的文字方塊，然後在【圖形格式】活頁標籤的「圖案樣式」群組中，點選「圖案外框」，即可在下拉選單中選擇喜愛的外框色彩了。

(Tips) 除了框線的色彩外，也可以自行設定框線的粗細和虛線樣式等。

Trick **08** 清除文字格式設定

PowerPoint 固然可以對文字進行各種不同強調方式的設定，但是如果一個不小心設定太多格式，覺得版面太花反而找不到重點時，可以快速地清除這些文字格式設定，回復為預設值。

Step1

選取要回復預設值的文字，然後點選【常用】活頁標籤中「字型」群組的「清除所有格式設定」 A◇ 按鈕，即可清除所有的文字格式設定，回復成預設值。

(Tips) 一定要選取文字，才能進行文字格式的清除。

Trick 09 活用「大綱」層次編排簡報內容

利用設計範本進行簡報設計的好處之一，就是可以進一步利用「大綱」工具列來協助編排或調整簡報內容的層次、大小與格式，而且操作方法非常簡便。

Step1

依序點選【檢視】活頁標籤→「簡報檢視」群組中的「大綱模式」。

Step2

接著選取想要調整層次的文字方塊，然後按下滑鼠右鍵，就可以利用功能選單調整文字的層次和格式。

Tips 除了調整文字階層，我們還可以折疊或展開標題，讓檢視整份簡報變得更加方便。

Trick 10 利用「備忘稿」製作簡報提示

在製作簡報時，我們可以將簡報時的口頭說明參考資料放在「備忘稿」中，這樣在簡報時，就可以有提示的功能哦！

Step1

將游標移到編輯視窗下方的「按一下以新增備忘稿」方框中，按一下滑鼠左鍵。接著只要在這個空白框中輸入說明文字，簡報時就會有備忘稿可以參考了。

Tips 備忘稿只有在外接投影機，並使用桌面延伸的功能才會在本機播放時顯示。

Chapter 3
製作多媒體簡報

簡報是為了陳述、說明特定事物所衍生出來的輔助文件，是一位演講者在演說時的得力助手，平淡無奇的背景以及黑白的文字與圖表，並不能完全滿足它的實用性。為了加強簡報的美觀與說明效果，運用變化豐富的圖片、表格、流程圖，甚至影片、音樂…等效果，不但能使簡報賞心悅目，更能加強說明的效果，讓它深深吸引每位觀眾。

Trick 01 在簡報內容中加入圖片

在簡報中適時添加一些圖片，不但能美化投影片的版面，讓簡報內容看起來更活潑生動，有些文字不容易清楚表達的部分佐以圖片輔助，反而更能簡潔明瞭哦！

Step1

切換到【插入】活頁標籤→「影像」群組裡點選「圖片」，然後在「插入圖片來源」選擇「此裝置」。

Tips 也可以點選「圖例」群組中的「圖案」，插入一些現有的圖案。

Step2

此時會開啟「插入圖片」對話盒，點選要插入的圖片後按〔插入〕，即可在投影片中加入選取的圖片了。

Tips 將游標移到圖片四周的縮放控點上，再按住滑鼠左鍵進行拖曳，即可調整圖片的大小。

Trick 02　加入螢幕擷取畫面

不只 Word 365 可以插入螢幕擷取畫面，在 PowerPoint 365 中，同樣也可以使用這項特異功能哦！快來一起試試吧！

Step1

依序點選【插入】活頁標籤→「影像」群組→「螢幕擷取畫面」，從下拉選單中挑選目前開啟的作業視窗，即會擷取整個視窗畫面到投影片上。

(Tips) 要擷取的視窗必須是開啟狀態才能進行擷取，如果該視窗縮到最小化，則無法順利擷取。

Step2

如果只要擷取部分畫面，則在「螢幕擷取畫面」下拉選單中點選「畫面剪輯」，此時 PowerPoint 作業視窗會縮至最小，接著其他視窗畫面會刷淡，同時游標變成十字狀，按下滑鼠左鍵並拖曳，即可擷取視窗中部分的畫面了。

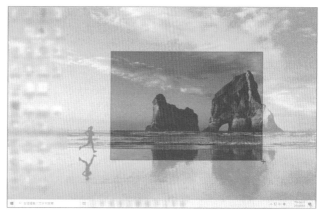

Trick 03　尋找線上多媒體檔案

如果想為簡報加上一些插圖，但是手邊沒有相關的圖片怎麼辦呢？這時候我們可以運用 Office 365 裡的多媒體檔案庫，搜尋合適的圖片哦！

Step1

依序點選【插入】活頁標籤→「影像」群組→「圖片」→「線上圖片」，此時會出現「線上圖片」窗格。在「搜尋 Bing」空白框中輸入關鍵字，即可從下方列出的圖片裡，把要使用的圖片拖曳至投影片中。

(Tips) 依序點選【插入】活頁標籤→「圖例」群組→「圖示」，也能從圖像庫搜尋需要的插圖哦！

Trick **04** 在簡報中插入表格

一份專業的投影片，適時加上一些表格是必要的，想要在投影片中插入表格，其實是非常簡單的哦！

Step1

切換到【插入】活頁標籤，然後在「表格」群組中按下「表格」，即可從下拉選單中依需求的表格大小進行拖曳，放開滑鼠左鍵後，就可以插入表格囉！

(Tips) 在拖曳的過程中可即時預覽表格的樣子，如果對表格的顏色及樣式還有其他想法，可以比照前面 Word 介紹的方式，在「表格工具」中進行調整。

Trick **05** 插入 SmartArt 組織圖和流程圖

以往若是想要在 PowerPoint 中加入專業的圖表分析，可能必須要請專業的設計師，或是自行手動慢慢調整。但是在 PowerPoint 365 中，只要透過「SmartArt」，就可以輕鬆地製作各種漂亮的圖表。

Step1

切換到【插入】活頁標籤後，點選「圖例」群組中的「SmartArt」按鈕，會跳出「選擇 SmartArt 圖形」對話盒。

(Tips) 同樣也可以利用拖曳滑鼠的方式，在橫列中自動填入連續性資料。

Step2

此時可在「選擇 SmartArt 圖形」對話盒左側先選擇類型，然後從對話盒中間挑選適合的圖形樣版，從右側預覽並閱讀說明後按下〔確定〕。

(Tips) 選取版面配置時，會顯示預留位置文字，以便查看 SmartArt 圖形的外觀，不過預留位置文字在放映投影片時並不會顯示。

Step3

接著就會出現選擇的圖形，按下左邊的 ◀ 按鈕會出現文字輸入區，即可在此輸入圖表內的文字。如果預設的層數不夠，可以在文字輸入區按下 **Enter** 來增加階層。按滑鼠右鍵還能從快速選單中進行層次的調整。

Tips 如果此時發現目前套用的圖形不符需求，可以切換到【SmartArt 設計】活頁標籤，點選「版面配置」群組的「改變版面配置」，即可從下拉選單中更換成其他的版面配置。

Step4

切換到【SmartArt 設計】活頁標籤，可以從「SmartArt 樣式」群組中，利用下拉選單對原本單調的 SmartArt 圖表，進行各種樣式的美化，也可以利用「變更色彩」下拉選單改變顏色。

Tips 若是修改壞了也不用擔心，只要按下「重設」群組中的「重設圖形」，就會將所有圖片回復到原始狀態，而且會保留入的文字。

Trick 06 將文字轉換為 SmartArt 圖形

如果到現在才發現SmartArt圖形這麼好用，偏偏前面已經輸入了一堆文字，實在不想再重複輸入一遍。在貼心的 PowerPoint 365 裡，可以讓我們輕易將現有文字和 SmartArt 圖形之間，進行互相轉換，相當方便哦！

Step1

選取文字後，在【常用】活頁標籤的「段落」群組中，按下「轉換為 SmartArt 圖形」 📇，並從下拉選單中選取要轉換的 SmartArt 圖形即可。

Tips 在「SmartArt 工具」的【設計】活頁標籤中，點選「重設」群組的「轉換」，從下拉選單中選取【轉換成文字】，即可將SmartArt圖形轉換成文字。

Trick **07** 插入各式專業圖表

除了美觀的 SmartArt 圖形，PowerPoint 365 也提供了許多不同類型的圖表，讓我們能更清楚地呈現資料的統計狀況，現在就來看看要怎麼使用吧！

Step1

點選【插入】活頁標籤「圖例」群組中的「圖表」。此時會開啟「插入圖表」對話盒，從左側選擇合適的圖表類型後，可以在對話盒右側找到許多的圖表範例，選擇要加入的圖表後按下〔確定〕。

Step2

接著會在投影片中插入選擇的圖表，並且開啟 Excel 來顯示圖表的內容數據。編輯完內容數據的部分後將 Excel 關閉，即會在 PowerPoint 中出現對應的圖表。

Step3

切換到的【圖表設計】活頁標籤中，可以從「圖表版面配置」群組的「快速版面配置」下拉選單中，選擇圖表不同的版面配置。

(Tips) 也可以從「圖表樣式」群組中，選擇不同的圖表顏色和樣式。

Trick 08 建立相簿簡報

簡報除了一般演講、報告等商業用途外，也有很多朋友喜歡將特定主題的相片，製作成投影片和大家分享。要把幾張相片製作成投影片，除了一張一張插入外，還有更簡捷便利的方法哦！

Step1

切換至【插入】活頁標籤，並按下「影像」群組中的「相簿」，並從下拉選單中點選【新增相簿】。此時會出現「相簿」對話盒，在「由此插入圖片」按下〔檔案 / 磁碟片〕。

Step2

接著會跳出「插入新圖片」對話盒，選取要插入的圖片後，按下〔插入〕。

Tips 利用鍵盤的 Ctrl 鍵或 Shift 鍵搭配滑鼠左鍵，可以一次選取多個圖檔。

Step3

回到「相簿」對話盒後，可以在「相簿中的圖片」窗格中看到加入相簿的圖檔清單，如果想要調整圖片的順序，勾選該圖片後利用↑或↓即可調整，也可以按下〔新文字方塊〕在圖片之間插入一張可以輸入說明文字的投影片。

Tips 預覽視窗下方的工具列，可以針對單一圖片進行調整，功能分別如下：
🔄 🔄：向左或向右 90 度旋轉圖片的方向。
◐ ◑：提升和降低圖片影像亮度的設定。
☀ ☀：提高和降低圖片影像對比的設定。

Step4

另外在「相簿配置」的「圖片配置」下拉選單中,可以設定一張投影片放幾張圖片,要不要包含標題文字等;在「外框形狀」下拉選單中可以幫圖片變換不同的外框形狀。從右側的預覽縮圖預覽無誤後,最後按下〔建立〕即會自動依各項設定建立投影片。

(Tips) 相簿建立完成後,可以先在第一頁加入相簿標題名稱及作者等文字,然後再依需求在投影片中加上說明及其他物件。

Trick 09 在投影片中插入音效

一份好的簡報,若能適時添加一些音樂或音效,將會讓簡報播放時更增添氣氛,營造簡報想傳遞的氛圍。趕緊來看看要如何在簡報檔中加入音效吧!

Step1

切換到【插入】活頁標籤,然後在「媒體」群組中點選「音訊」,並從下拉選單裡點選【我個人電腦上的音訊】,然後選取要插入的音樂檔後按下〔插入〕。

(Tips) 如果手邊沒有合適的音樂檔,可以點選【錄音】直接錄製音訊檔。

Step2

插入音訊後點選投影片中的喇叭圖示,然後切換到【播放】活頁標籤,在「音訊選項」群組中,透過「開始」下拉選單可以設定音樂檔的啟動方式。

(Tips) 勾選「放映時隱藏」,即可在播放音樂時將喇叭圖示隱藏起來。

Step3

如果只想擷取音樂檔的其中一部分，可以按下「編輯」群組裡的「修剪音訊」，在出現的「修剪音訊」對話盒裡拖曳左右兩側的綠色及紅色滑桿，即可進行音樂檔的剪輯。

> (Tips) 配合「淡入」、「淡出」的設定，能讓擷取的音樂片段在播放時不會顯得太突兀。

Trick 10 在簡報中插入多媒體影片

在簡報中除了插入音樂外，適時插入一些多媒體影片，相信一定更能帶動簡報時的氣氛，讓簡報更加深觀眾的印象。

Step1

切換到【插入】活頁標籤，然後在「媒體」群組中點選「視訊」，並從下拉選單裡點選【此裝置】，然後在「插入影片」對話盒中選取要插入的影片檔後按下〔插入〕。

> (Tips) 可以插入的影片檔格式有 avi、asf、mpeg、wmv 及 flash 等。

Step2

接著切換到【播放】活頁標籤，即可在「視訊選項」群組中，透過「開始」下拉選單可以設定影片檔的啟動方式。

> (Tips) 勾選其中的「全螢幕播放」，即可用全螢幕的方式播放影片檔。

Step3

按下「編輯」群組裡的「修剪視訊」，還可
以在「修剪視訊」對話盒中，藉由拖曳左右
兩側的綠色及紅色滑桿，進行視訊檔的剪
輯。

Tips 影片檔同樣可以配合「淡入」、「淡出」
的設定，讓視訊片段在播放時更平順。

Trick 11　在 PowerPoint 中加入 Youtube 上的影片

如果想加入的影片不在電腦中，而是在 Youtube 等影片分享網站的話，這一點也難不倒 PowerPoint
365 啪！

Step1

連至影片分享網站，找到想要加到簡報檔的
影片後，依序點選「分享」→「嵌入」，然
後將嵌入程式碼整段複製下來。

Tips 不是直接把影片的網址複製過來，千萬
不要搞錯了！

Step2

接著在 PowerPoint 中依序點選【插入】活
頁標籤→「媒體」群組→「視訊」，並從下
拉選單裡點選【線上影片】，然後在跳出的
「輸入線上影片的位址」對話盒中，將複製
的網址貼上後按下〔插入〕，即可插入網站
上的影片。

Tips 網站上的影片無法進行剪輯的動作，也
無法使用全螢幕播放。

Chapter 4
簡報版面設計技巧

一份完整的簡報，很可能有數十張的投影片，這麼多張投影片，如果全都要一張一張的設定字型樣式、背景、色彩等實在太累了。此時若能運用 PowerPoint 裡的投影片母片，依照自己的需求製作母片，或是用內建的佈景主題加以修改，然後套用到每一張投影片中，不但更有效率，也能讓簡報更具整體感。

Trick 01 自製投影片的母片樣式

PowerPoint 裡的投影片母片，就類似書籍的版型概念，只要設計好母片，就可以套用到每一張投影片中，讓整個簡報檔感覺起來更有整體感。

Step1

先切換到【檢視】活頁標籤，點選「母片檢視」群組裡的「投影片母片」。

(Tips) 可以在新增簡報檔時就選取一個佈景主題，或是直接選用空白的簡報都可以。

Step2

此時投影片會變成母片檢視模式，左邊窗格有一排不同的版面配置，可以直接點選裡面的版面配置出來，佈景主題中原本的圖案、色塊等，都可以進行各種編修。

(Tips) 當然也可以自行加入要放在母片上的圖片。

Step3

母片製作完成後，按下【投影片母片】
活頁標籤中的「關閉母片檢視」即可。

> (Tips) 如果還想再編輯母片，只要再重新
> 點選【檢視】活頁標籤「母片檢視」群
> 組裡的「投影片母片」即可。

Step4

接下來在【常用】活頁標籤「投影片」
群組的「新增投影片」下拉選單中，即
可看到我們剛才編修過的母片樣式，可
以直接拿來套用到任何一張投影片中。

Trick 02　自己設計佈景主題

自行設計的母片，畢竟只能套用在該簡報檔上，如果希望能跨簡報檔套用，那麼可以自行設計一套特
殊的佈景主題，建立具有自我風格的簡報。

Step1

在【設計】活頁標籤中，按下「佈景主
題」群組中的「變化」，然後從「色彩」
下拉選單中點選【自訂色彩】。

> (Tips) 可以在新增簡報檔時就選取一個佈
> 景主題，或是直接選用空白的簡報都可
> 以。

Step2

接著在開啟的「建立新的佈景主題色彩」對話盒中,可以看到一個相當清楚的顏色設置介面,調整好各種顏色後,在「名稱」後面輸入一個佈景主題色彩名稱,最後按下〔儲存〕。

(Tips) 字型的部分也可以透過相同的方式,點選「字型」下拉選單的【建立新的佈景主題字型】,來建立一組新的佈景主題字型。

Step3

調整好佈景主題後,可以在「佈景主題」下拉選單中,選擇【儲存目前的佈景主題】,將目前所使用的佈景主題設計儲存起來,以便在其他地方套用。

(Tips) 儲存好之後,除了可以在 PowerPoint 中套用外,還可以在 Word 或 Excel 的〔佈景主題〕下拉選單中挑選使用。

Trick **03** 更改投影片方向

臨時想把做好的投影片從橫的改成直的?又擔心版面會被破壞掉?只要運用 PowerPoint 中的預設功能,馬上就能快速更改投影片方向!

Step1

打開要更改方向的投影片後,依序點選【設計】活頁標籤→「自訂」群組→「投影片大小」→「自訂投影片大小」,此時會跳出「投影片大小」對話盒,在「方向」的「投影片」中,選擇要將版面改成直向或橫向,按下〔確定〕,然後會跳出「Microsoft PowerPoint」對話盒,按下〔確保最適大小〕。

(Tips) 進行投影片方向調整時,整份簡報的投影片都會一起變動,而投影片中每一行的文字,會隨著版面寬度變長或縮短。

Trick **04**　投影片版面設定

如果想進一步調整投影片的版面格式與大小，這裡也有方便的好方法可以使用。

Step1

進入【設計】活頁標籤，接著按下「自訂」群組中「投影片大小」的「自訂投影片大小」，在「投影片大小」對話盒中，即可調整投影片的版面長寬、走向與大小，設定完成後按〔確定〕。

Trick **05**　插入頁首及頁尾

一份完整的簡報可以包括投影片、備忘稿和講義等部分，其中投影片可以編輯頁尾文字，備忘稿和講義則可以編輯頁首與頁尾。

Step1

打開要插入頁首及頁尾的簡報檔後，按下【插入】活頁標籤「文字」群組的「頁首及頁尾」。

Step2

然後在「頁首及頁尾」對話盒中，設定要置入投影片的頁尾內容，最後按下〔全部套用〕即可。

(Tips) 如果不想在標題投影片中加入頁尾文字、日期或編號，請勾選「標題投影片中不顯示」。

Chapter 5
簡報播放技巧

設計好投影片內容後，最後一步就是規劃簡報的播放方式。PowerPoint 提供了許多動畫效果，讓我們在串聯每張投影片內容時，能有更流暢的表現。透過動畫效果，一來可以營造串場氣氛，二來可以掌控簡報的時間，達到盡善盡美的簡報效果。

Trick 01 投影片切換動畫

投影片與投影片之間切換時，可以設定適合的過場動畫效果，讓觀眾在聽取簡報時，能有不同的期待和驚喜。

Step1

從左邊投影片窗格中選取要套用切換效果的投影片，然後切換至【轉場】活頁標籤後，在「切換到此投影片」下拉選單中挑選想要套用的效果。

Tips 游標移到下拉選單中任一切換效果上，可即時預覽套用後的效果。

Step2

某些投影片切換效果還可以在「效果選項」下拉選單中，進行更一步的效果設定。

Tips 如果整份簡報都要使用相同的投影片切換效果，可以直接按下「預存時間」群組裡的「全部套用」。

125

Step3

此外，還可以在「預存時間」群組的「聲音」下拉選單中，選取切換投影片時要出現的聲音效果。

Tips 切換投影片時如果不需要加入聲音效果，就選擇「靜音」即可。

Trick 02　簡報自動播放

除了自己手動切換投影片外，PowerPoint 還可以設定讓簡報自動切換到下一張投影片，而且切換投影片的時間間隔，還可以自訂喔！

Step1

進入【轉場】活頁標籤，然後將「預存時間」群組內的「滑鼠按下時」取消勾選，並勾選下面的「每隔」，然後在後面設定隔多少時間要切換至下一張投影片。

Tips 若整份簡報都使用相同的切換時間，可以按下「預存時間」群組裡的「全部套用」。

Trick 03　加入動畫圖案效果

除了投影片切換時的過場效果，在每一張靜態的投影片中，也能幫裡頭的文字及圖片，添加各式各樣的動畫效果，讓簡報更生動精彩。

Step1

選取投影片中要添加動畫效果的元件後，點選【動畫】活頁標籤的「動畫」下拉選單，即可依需求挑選「進入」、「強調」或「離開」的動畫效果。

Tips 游標移到下拉選單中任一切換效果上，可即時預覽套用後的效果。

Step2

某些動畫效果還可以在「效果選項」下拉選單中，進行更一步的效果設定。

> (Tips) 每一種動畫的效果選項不盡相同，將游標移到任一選項上面都可以即時預覽套用後的結果。

Step3

接著在「預存時間」群組的「開始」下拉選單中，可以設定動畫出現的方式，要按一下滑鼠才出現，還是要跟前一個動畫效果同時進行，或是自動緊接著前一個動畫效果結束後自動開始。

> (Tips) 另外還可以在「預存時間」群組的「期間」中，設定動畫效果的進行時間。

Step4

如果還需要做進一步的動畫效果設定，可以點選「進階動畫」群組中的「動畫窗格」。此時右側會出現一個動畫窗格，點選每一個動畫會出現下拉選單，按下其中的【效果選項】。

> (Tips) 也可以透過下拉選單移除不需要的動畫效果。

Step5

在出現的「效果選項」對話盒中，切換到【效果】
活頁標籤，可以在「聲音」下拉選單中選取動畫
效果進行時要加入的音效，選取完畢按下〔確定〕
即完成。

(Tips) 按下「聲音」下拉選單後面的喇叭圖示，可
以播放所選取的聲音效果。

Trick 04 自訂簡報播放方式

當所有的投影片切換及動畫效果設定完成後，為了讓簡報播放更順利，還可以做更多的簡報放映方式
的設定，我們就趕緊來瞧瞧吧！

Step1

切換到【投影片放映】活頁標籤，然後按下「設定」
群組中的「設定投影片放映」，接著會出現「設定
放映方式」對話盒，即可進行各種放映設定的相關
細節設定。

Trick 05 自訂投影片放映

一般正常簡報都是從第一張播放到最後一張，不過有時為了某些特殊效果，會變換播放的順序，或重
複或跳過某幾張投影片。這時就需要借助「自訂投影片放映」的功能，幫我們完成這項特殊任務。

Step1

切換到【投影片放映】活頁標籤，並點選「開始
投影片放映」群組中的「自訂投影片放映」，然
後從下拉選單中選取【自訂放映】，開啟「自訂
放映」對話盒後按下〔新增〕。

Step2

接著在「定義自訂放映」對話盒中,可以依播放順序,從左側挑選投影片後,按下〔新增〕,加至右側的窗格中,亦可利用上下箭頭調整順序,完成後按下〔確定〕即可。

Trick 06 設定簡報排練計時

據說蘋果電腦執行長賈伯斯在進行各項產品發表會前,也都會針對整個簡報的流程花了足足兩天進行排練,所以想要讓簡報更順利進行嗎?就趕緊排練,順便做一下時間上的掌控吧!

Step1

開啟簡報後,切換至【投影片放映】活頁標籤,然後按下「設定」群組中的「排練計時」。

Step2

接著就會開始放映投影片並計算簡報播放的時間,排練過程中如需暫停或切換到下一張投影片,可按下左上方「錄製」快顯功能表中的各項功能進行操作。

Tips 在「錄製」快顯功能表中最右側為總播放時間,在中間的是每張投影片的播放時間。

Trick **07** 簡報中插入表格

如果擔心站在觀眾前進行簡報會怯場，也可以事先把旁白錄製下來，雖然效果不如當場口述來得生動，不過至少不必擔心吃螺絲或臨時忘稿的情形！

Step1

切換到【錄製】活頁標籤，接著在「錄製」群組按下「從頭開始」。

Step2

錄製過程中若要暫停旁白，則按下「錄製」快顯功能表中的「暫停」。若要繼續則按下「繼續錄製」。在投影片按滑鼠右鍵，並從快速選單中點選【結束放映】，即可結束錄製。

Trick **08** 共用簡報

有時候我們需要和其他人一起編輯同一份簡報，但是如果對方的電腦沒有安裝 PowerPoint 的話該怎麼辦呢？不用擔心，PowerPoint 365 推出的共用功能，讓我們可以在網頁上編輯簡報哦！

Step1

點選右上角的共用 按鈕，按下「連結至此投影片」。

Step2

此時會打開「共用」對話盒,點選「One Drive 個人」,輸入簡報的檔案名稱後按下〔確定〕,然後會出現一串網址提供我們複製。

> Tips
> 點選「擁有連結的任何人都可以編輯」即可設定共用者的權限。

Step3

只要開啟瀏覽器連至該網址,即可開始編輯簡報。

Trick 09 將簡報封裝成光碟

簡報除了可以進行現場播放外,還可以燒錄成光碟片,以製作方便攜帶的隨身簡報,並且還可以在沒有安裝 PowerPoint 的電腦上播放哦!

Step1

依序點選【檔案】活頁標籤→「匯出」→「將簡報封裝成光碟」,並在右側窗格中按下「封裝成光碟」。

Step2

接著在「封裝成光碟」對話盒中，選取要複製的簡報檔，並在 CD 名稱後面的方框中輸入光碟名稱後，按下〔複製到 CD〕即可開始進行燒錄的動作。

Trick 10 把投影片轉成一張一張的圖片檔

如果不希望簡報檔內容被他人更動，可以將簡報檔內容，轉換成圖片簡報，讓原本各自獨立在每張投影片裡的圖片和文字，通通變成一張一張的圖片檔。

Step1

依序點選【檔案】活頁標籤→「匯出」→「變更檔案類型」→「PowerPoint 圖片簡報」，跳出「另存新檔」對話盒並輸入檔案名稱後按下〔儲存〕即完成，此時檔案仍儲存為 ppt 格式檔。

(Tips) 你也可以點選「JPEG 圖片交換格式」將簡報逐張儲存成 JPEG 檔，或點選「可攜式網路圖形」將簡報逐張儲存成 PNG 檔。

Trick 11 用 PowerPoint 製作影片

PowerPoint 除了可以製作簡報外，還可以將簡報播放的過程轉換成影片檔。利用這個特點，就能製作出特殊的形象影片哦！

Step1

依序點選【檔案】活頁標籤→「匯出」→「建立視訊」，然後選取要建立的影片品質，以及是否加入錄製時間及旁白，最後按下「建立視訊」即會將簡報儲存為 Mpeg-4 視訊或 wmv 格式檔。

(Tips) 如果有錄製旁白及每張投影片的播放時間，就會依照預先設定的時間播放。

Trick **12** 建立投影片講義

演講者在做簡報時,如果將簡報內容準備充分,並提供聽講者相關的講義,讓聽講者能隨時把簡報中的重要資料記錄下來,如此,會有更好的簡報效果哦!

Step1

首先點選【檢視】活頁標籤,在「母片檢視」群組中按下「講義母片」。

Step2

此時可以在【講義母片】活頁標籤的「版面設定」群組中,點選「每頁投影片張數」,即可從下拉選單中設定講義一頁要放幾張投影片。設定完畢後,記得按下「關閉母片檢視」。

Step3

最後再按下【檔案】活頁標籤,並點選「列印」。接著在「設定」項目中點選「全頁投影片」的下拉選單,然後在「講義」中決定每頁投影片的張數,最後按下〔列印〕,就可以將簡報講義印出來了。

WORD & EXCEL 入門
→進階超活用筆記

相信你已經熟悉 Office 軟體的各項操作技巧，但同樣是用這些軟體製作出來的文件，當你看到同學或同事的報告頗受老師或長官好評，不論是精緻度、活潑度甚至工作效能都遠遠超出自己時，是不是也想偷學幾招呢？編輯部再特別奉上精選密技與常用快速鍵大全，超過 50 個立即加分的實戰技巧！讓你在操作 Office 的時候更加得心應手，同學、同事也會對你刮目相看哦！

Trick 01 在 Word 中輕鬆選取重疊放置的背景物件

在 Word 中，當文字和繪圖物件有重疊時，不曉得是滑鼠不聽使喚，還是 Word 不聽使喚，怎麼選都選不到想要的文字或物件，甚至抓狂到砍掉重練！其實 Word 有專門選取物件的功能，即便是躲在密密麻麻文章中的物件，都能輕鬆選取！

Step1

從【常用】活頁標籤中的「編輯」群組中點選「選取」→【選取物件】，如此一來，滑鼠游標就會自動忽略文字，直接就能點到物件了。

Trick 02 選取文件中所有特定樣式的文字

標上不同樣式的文字在 Word 裡面稱為「格式設定類似」的文字，例如粗體、加底線、斜體、色彩或字形大小不同的文字，也可以一次選取到位，不用自己慢慢找哦！

Step1

首先將游標停留於預備選取的格式後，再從【常用】活頁標籤中，點選「編輯」群組中的「選取」→【選取所有類似格式的文字】選項，就能快速選取所有類似格式的文字了。

Trick 03 用快速鍵執行各項功能

Word「自動校正」功能的原理是事先設定好可能常打錯的字、以及它所對應的正確文字，例如遇到「yuo」時自動變更為「you」。而進一步的延伸用法，我們可以把常打的字串設成縮寫或代號，例如輸入「ppp」時就自動變為「PCuSER」，快試試看吧！

Step1

點選【檔案】活頁標籤→【選項】。

Step2

此時會跳出「Word 選項」對話盒，切換到【校訂】標籤中，點選「自動校正選項」按鈕。

> **Tips** 在自動校正的「取代」欄位中，若以「中文或數字」為結尾，則必須按下鍵盤上的空白鍵才會出現取代文字。

Step2

接著會跳出「自動校正」對話框，先在「取代」欄位中輸入要簡化的文字，然後在「成為」欄位中，輸入原始冗長的資料內容，完成後按下〔新增〕，即可新增完成。

> **Tips** 如果原本輸入的文字不想被自動校正所取代，只要將游標移至文字下方的藍色方框處，此時會出現「控制自動校正選項」下拉選單，選取【變回 "XXX"】選項即可。

Trick **04** 用校正功能將文字取代為常用的圖片

除了文字以外，自動校正的功能還可以將文字取代為常用的圖片，只要輸入縮寫或代號，就會自動跳出設定好的圖片。

Step1

先在 Word 文件中插入你要設定的圖片，並點選起來，再依照上一個 Trick 開啟「自動校正」對話盒，在「取代」欄位中輸入要簡化的文字，然後直接按下〔新增〕後，就會自動新增至項目中。

(Tips) 未來只要輸入快速鍵的內容，就會自動替換成我們剛才選取的圖片囉！

Trick **05** 用 Word 書籤標註出特定位置

Word 的書籤功能可用來標註文件中的指定位置，以供日後快速跳到這個地方。通常書籤會放在你想要再次修正內容的地方，如此一來，下次開啟檔案時就不需要再一直捲動文件來尋找該位置，只要使用「書籤」選單，就可直接跳到該段文字，這尤其在製作長篇文章時特別好用。

Step1

首先將滑鼠游標移至要設定書籤的位置。接著切換至【插入】活頁標籤，並從「連結」群組中點選「書籤」按鈕。

Step2

此時會開啟「書籤」對話框，在「書籤名稱」欄位輸入指定名稱，然後按一下〔新增〕按鈕即可。

Trick 06 快速找到已經設定好的書籤

之後如果要快速移動到剛才指定的書籤位置，只要配合 Word 內建的「尋找」功能即可。

Step1

依序點選【常用】活頁標籤→「編輯」群組→「尋找」【到】→ 按鈕。出現「尋找及取代」對話框後，在左方的清單中點選「書籤」選項，接著於右方書籤清單中點選指定的書籤，然後點選〔到〕即可到指定位置。

Trick 07 讓同一份 Word 文件內有不同的紙張方向

Word 的預設的文件方向為直向，有時候插入資料表格之後，會遇到因表格過寬而左右消失不見的問題，最後不是作罷就是認命的縮減表格內容。其實只要透過「分節」設定，就可以快速來改變每個頁面的方向或紙張大小。也就是說，原本紙張是直向的，而你可以單獨把某幾頁變成橫向，這樣在編排內容的彈性就大多了。

Step1

先選取圖表，接著從【版面配置】活頁標籤的「版面設定」群組中，點選「分隔設定」⊟ 按鈕，在下拉選單中選擇分節符號底下的【下一頁】。

Step2

此時整張圖表會被移至下一頁，接著從【版面配置】活頁標籤的「版面設定」群組中，點選「方向」→「橫向」選項。此時即可看到只有該頁轉成橫向，而上一頁並沒有跟著轉向。

Trick 08 取出貼在 Word 裡的圖片原始檔

有時候收到別人傳來的文件，想要取出裡面的圖片，卻不好意思再跟別人要圖檔，複製圖片再貼到繪圖軟體，也只能取出縮小後的低解析圖片，該怎麼辦呢？這時候不用著急，其實有方法可以快速取出 Word 裡的原始檔喔！不過提醒你在使用這方法之前，最好先複製一份原始的 Word 檔，避免不小心刪掉原檔。

Step1

開啟 Word 檔後，將「存檔類型」改成「網頁」，再進行存檔。

Step2

存檔後會產生「網頁」和「網頁資料夾」。開啟「資料夾」就可以看到所有的圖片了。

Tips 存在「資料夾」裡的圖片是包含低解析的縮圖和原始檔案，要再手動挑選需要的檔案。

Trick 09 若不要使用到低解析的圖檔，還有這一招！

如果你剛好只是要取出某個文件中的圖片，懶得開啟檔案重新存檔，直接修改副檔名也行。

Step1

將文件的副檔名改成「.zip」的壓縮檔。

Tips 在資料夾的工具列點擊【檢視】，勾選「副檔名」，就可以看到副檔名了。

Step2

解開此份壓縮檔並開啟「word」資料夾。

Step3

接著再進入「media」資料夾查看，就可以
看到所有圖檔囉！

Trick 10　防止他人改動 Word 文件中的重要內容

我們常會用 Word 製作表單，讓其他人直接在文件檔上面填寫資料。不過常會有人因為不熟悉或不小
心，動到了原本的設定格式。這時候，我們只需要將 Word 文件裡不想讓其他人更動的地方進行鎖定
即可。來看看要怎麼鎖定文件內容吧！

Step1

點選【檔案】→【選項】，然後在「Word
選項」對話框的【自訂功能區】標籤中，在
右側窗格中找到「開發人員」選項後，在前
面的方框打勾，然後按下〔確定〕。

Step2

回到 Word 主畫面,選取要鎖定的內容後,點選【開發人員】活頁標籤的「保護」群組中的〔限制編輯〕。

Step3

此時右側會出現「限制編輯」窗格,勾選「編輯限制」中的「文件中僅允許此類型的編輯方式」,選擇下拉選單中的「不允許修改(唯獨)」後,按下「開始強制」的〔是,開始強制保護〕。

Step4

在「開始強制保護」對話盒中輸入密碼後,按下〔確定〕。

Trick 11　Word 中新增可讓使用者勾選的小方塊

在許多的表格設計中，爲增加塡表者的方便性，會設計一些讓塡表者勾選的選項。如果希望能直接在文件檔上進行勾選，可以利用「核取方塊」的功能。如果對勾選的樣式不滿意，還可以自行變換核取方塊的樣式哦！

Step1

依照上一個 Trick 加入【開發人員】活頁標籤後，開啟 Word 文件，【開發人員】活頁標籤的「控制項」群組中的「核取方塊內容控制項」☑ 按鈕，即會在文件插入核取方塊。

Step2

此時，只要在核取方塊上按一下滑鼠左鍵，就會切換成勾選狀態，再按一次就會取消勾選。

Tips 選取核取方塊後依序點選【開發人員】活頁標籤的「控制項」群組中的「屬性」，在「內容控制項屬性」中的「核取方塊屬性」點選「變更」即可選擇想要的符號更換核取方塊的樣式。

Trick 12　讓 Word 裡面的文字乖乖排好對齊不亂跑

不少人在需要上下行對齊文字內容時，常會使用空格鍵來對齊，厲害一點的用全形空格鍵，再厲害一點的會用〔Tab〕鍵來對齊，不過不管哪一種對齊方式，經常會發現好像很難眞正對齊。其實 Word 裡有一個「定位點」的功能，讓你輕輕按一下，就能迅速對齊哦！

Step1

先將所有空格鍵改成 Tab ，接著選取要對齊的段落，再將游標移到文件上方的尺規上，在尺規下緣按一下滑鼠左鍵，會產生的「定位點」∟ 符號，便可自行拖曳至想要對齊的地方，Tab 會依定位點位置對齊。

Step2

若要清除定位點，在定位點上連續按兩次滑鼠左鍵，
此時會跳出「定位點」對話盒，點選「全部清除」，
最後按下〔確定〕。

Trick 13 在欄位之間加上分隔線

設定好定位點後，整份文件看起來整齊多了，如果這
時想要進一步在不同欄位中間劃一條線，或是想要做
成像目錄一樣方便左右參照，要怎麼做呢？

Step1

在定位點上連續按兩次滑鼠左鍵，此時會跳出「定位
點」對話盒，選取要設定的定位點、對齊方式及前置
字元後，按下〔確定〕即可調整。

Trick 14 關閉 Word 文件擾人的錯別字底線

Word 及 PowerPoint 為了避免使用者打錯字或語法使用錯誤，會在我們輸入文件內容的同時，自動將
內容與字典詞庫進行比對。如果比對過程中，有發現錯別字或語法不通順的地方，會自動以紅色或藍
色底線標示出來。不過也許是詞庫資料不夠多，常會發現一些正確的地方也會被誤判。為了避免受到
干擾，我們可以把這個功能隱藏或調整。

Step1

點選【檔案】活頁標籤中的【選項】，接著在「Word
選項」對話盒點選【校訂】，並取消勾選右側的「自
動拼字檢查」及「自動標記文法錯誤」後按下〔確定〕。

(Tips) 如果確認某個拼字正確無誤，可以在該字詞上按滑
鼠右鍵，然後從快速選單上選取「略過一次」或「不檢查
此問題」，就可以把單筆的底線消除。

Trick 15　在 Excel 中選取並快速填滿不連續欄位值

根據 Excel 傳統的預設模式中，Excel 為了方便使用者可以使用複製、移動、向下填滿的功能，會開啟自動填滿控點與拖放編輯的功能。但是如果遇到要在一列以外的地方，同樣填入相同欄位的內容，除了一個一個複製貼上以外，還可以透過本方法一次達成！

Step1

按住鍵盤上的 Ctrl ，然後選取要填入內容的儲存格。
選取到最後一個欄位後，輸入所要填入的內容。

Step2

輸入完成後，同時按下 Ctrl 和 Enter ，這時候內容便會
自動填滿至不連續的欄位中了。

Trick 16　一秒就能移除 Excel 欄位中所有超連結

如果使用包含大量超連結的檔案時，常會遇到在 Excel 儲存格中，一不小心「連出去」的問題，但是移除超連結的功能，每次又只能一步一步龜速進行，現在就讓我們用特殊的方法，讓所有煩人的超連結都一次清除吧！

Step1

開啟一份包含超連結的 Excel 檔案，接著在該檔案選取
任意一個空白欄位，在上面按一下滑鼠右鍵，點選「複
製」。

Step2

將要移除的超連結儲存格全部選取起來,依序點選【常用】活頁標籤→「剪貼簿」群組→「貼上」🔲下拉選單→【選擇性貼上】

Step3

此時會跳出「選擇性貼上」對話框,在其中「運算」區域內選擇「加、減、乘、除」任一選項,最後按下〔確定〕。

> **Tips** 此時會發現所有的超連結通通都消失了。如果日後想要恢復超連結,只要在該儲存格的「網址」上,快速點兩下就可以恢復了!

Trick 17 插入自動以當天日期來命名的工作表

如果你的職業與財務息息相關,想必一定常常需要用到 Excel 來幫忙你建立一些統計報表,由於每天可能都需要做這個動作,因此每當你打開 Excel 必須重新把工作表命名為當天的日期,日復一日的重複動作,其實可以更簡單!使用 Excel 的巨集功能把這個動作儲存起來,以後就不必再這麼麻煩了。

Step1

點選【檔案】活頁標籤→【選項】,然後在「Excel 選項」對話框的【自訂功能區】標籤中,在右側窗格中找到「開發人員」選項後,在前面的方框打勾,然後按下〔確定〕。

Step2

回到 Excel 主畫面，此時會發現上方功能表多了【開發人員】的活頁標籤，點選「程式碼」群組中的「巨集安全性」。此時會出現「信任中心」對話框，切換到【巨集設定】標籤中，點選「啟用 VBA 巨集」，再按下〔確定〕，之後就能夠順利執行巨集了。

Step3

回到主畫面，在【開發人員】活頁標籤中，選擇最左邊的「VisualBasic」，接著會啟動 VBA 讓你編輯巨集，把要編輯的巨集建立在 PERSONAL 底下（常用巨集），在功能表選擇【插入】→「模組」就可以開始編輯了。

Step4

接著在活頁簿中輸入程式碼如以下。完成後將其命名為「newsheet」，並按下工具列「執行」下拉選單中的「執行 Sub 或 UserForm」。回到 Excel 就可看到一個以當天日期為標籤的工作表。

Tips
```
Sub newsheet()
Sheets.Add.Name = Format(Now, "mm-dd")
End Sub
```

Tips 如果想要快速執行這個動作，我們可以把巨集設成一個快捷鍵，為了不跟 Excel 內建的快捷鍵衝突，建議可以使用 E、J、L、M、Q、T 鍵。點選【開發人員】活頁標籤→「程式碼」群組→「巨集」，選取剛剛建好的巨集按下「選項」來建立快捷鍵，再按下〔確定〕。

Trick 18　整齊控必學 Excel 一次合併多列有妙招

在 Excel 中如果要合併表格的話，可以使用「跨欄置中」功能，但這功能無法同時合併多列資料，所以只適合在少量需要合併儲存格的地方，當重複性資料較多時，可以使用「合併同列儲存格」來一次搞定！

Step1

將所有需要合併的儲存格用滑鼠選取起來，接著點選【常用】活頁標籤的「對齊方式」群組中的「跨欄置中」圖按鈕旁的下拉選單，並選取【合併同列儲存格】。

(Tips) 不論是【跨欄置中】還是【合併同列儲存格】，在選取範圍內如果橫列儲存格皆有資料的話，最後只能保留最左方的儲存格資料，若最左方的儲存格是空格，將向後遞補。

Trick 19　用 Excel 自動生成範圍內的隨機亂數

我們可以利用 Excel 的函數公式產生大量的隨機數據，讓我們來看看有哪些公式可以利用吧！

Step1

若要產生指定範圍 50 到 100 之間的區間隨機函數，可以在儲存格中輸入「= randbetween (50,100)」函數。

(Tips) 若要增加亂數組數，可以將滑鼠游標移到儲存格右下角的「填滿控點」，然後按下滑鼠左鍵，拖曳至下方或右方即可產生更多隨機數字。

Step2

輸入「=RAND( )」函數，即可自動產生大於等於 0 且小於 1 均等分配隨機數字。

(Tips) 想重新產生亂數？只要每按一次鍵盤上的 F9，工作表內所有含有亂數函數的儲存格，就會產生不同的亂數內容。

Trick 20　在 Excel 中輸入手機號碼也能正常顯示

使用 Excel 不一定是製作數據報表，有時也會拿來作資料的統整管理，偶爾會面臨到「輸入 09 開頭的手機號碼、或是輸入條碼編號時，Excel 自動把 0 刪去，或顯示為其他亂碼」的惱人狀況。要怎麼樣才能讓輸入的數字按照想要的方式顯示呢？

Step1

在儲存格輸入想要的數字後，按下右鍵並點選快速選單中的【儲存格格式】。

Step2

此時會跳出「儲存格格式」對話盒，切換到【數值】活頁標籤，再從「類別」中選取「特殊」，並在右側的「類型」欄位選擇「行動電話、呼叫器號碼」，再按下〔確定〕，便能統一顯示手機號碼了。

> (Tips) 如果要輸入的是一般電話號碼，也可按照同樣的方法，並在「類型」欄位選擇「一般電話號碼」即可。

Trick 21　如何輸入條碼

在 Excel 儲存格中，可以顯示 11 個有效位數，因此若要用來登記條碼或 ISBN 之類的數字串資訊，可以利用這種方式來搞定。

Step1

在儲存格輸入想要的數字後，依照前一個 Trick 開啟「儲存格格式」對話盒，切換至【數值】活頁標籤，再從「類別」中選取「自訂」，並在「類型」欄位選擇「0」（代表預留位數，而非數學上的進位標示），便能讓數字串的資訊正常顯示了。

Trick 22　如何在 Excel 中設定專業的下拉式選單

有些人會利用 Excel 做選填表單，只要按下儲存格旁邊的箭頭就可以輕鬆的讓同事或客戶選填內容，在 Excel 中，這種下拉式的選單就藏在「資料驗證」的功能裡，快來學會這一招，就能提高資料的正確率囉！

Step1

依序點選【資料】活頁標籤→「資料工具」群組→「資料驗證」下拉選單中選擇【資料驗證】。

Step2

這時會開啟「資料驗證」對話盒，切換至【設定】活頁標籤，在「儲存格內允許」的選單中選擇【清單】，並在下方的「來源」空格中輸入想要的選項，最後再按下〔確定〕就完成了。

(Tips) 輸入選項時，中間要用「半形逗號」分隔哦！

Trick 23　讓 Excel 裡的直行轉成橫列其實超簡單

Office 的功用很多，很多小功能也都很神奇，像是在 Excel 當中需要將直行的儲存格內容轉換成橫列排列時，只要活用最簡單的「複製」、「貼上」就可以輕鬆轉換，不需重新輸入哦！

Step1

先選取要轉換的儲存格內容，然後按下 Ctrl + C 複製儲存格內容。再將游標移到預計轉換後的第一個儲存格上。

Step2

接著點擊【常用】活頁標籤上的「剪貼簿群組」中「貼上」下拉選單，並從選單中點選「轉置」🗒 圖示。就可將原本直行的內容轉貼成橫列了。

Trick 24　讓 Excel 按照你所想要的多重規則來排序

輸入了一大堆屬性資料，想要利用排序來比較各種情況時，卻只會用「一種規則」來排？導致弄老半天也看不出結果，超困擾！經常遇到這種狀況題的你，利用「自訂排序」就是最方便的做法。

Step1

點選【常用】活頁標籤，在「編輯」群組中點選「排序與篩選」 🔀 按鈕，並在選單中選擇【自訂排序】。

Step2

這時會開啟「排序」對話盒，點選上方的「新增層級」就可以設定你想要的排序規則，也可以利用上方的箭號修訂規則的先後順序，最後按下〔確定〕即完成。

(Tips) 如果想訂的排序規則本身沒有順序性，也可以建立一份「自訂清單」，就可以讓 Excel 資料乖乖按照你想要的方式排列了。
　如前步驟開啟「排序」對話盒後，在「順序」欄位的下拉選單選擇【自訂清單】，會開啟「自訂清單」的對話盒，點選自訂清單中的「新清單」，這時可以將你想要的順序依序輸入右方欄位，最後按下〔確定〕即可完成。

PLUS：
Office 全通用！隨手必備的快速鍵 30 式總複習

為什麼有的人就是能將文件、表格、簡報處理得又快又好？訣竅就是善用「鍵盤快速鍵」，不浪費移動滑鼠或是筆電感應區塊的時間。編輯部精選 30 個天天都會使用到的快速鍵，只要熟練這些技巧，辦事效率立刻提升！

- **免用滑鼠選取文字：**
  按下〔Shift〕，再用四個方向鍵就可以只用鍵盤來選取文字或表格。〔←〕、〔→〕可以在同一行選取；〔↑〕、〔↓〕則可以選取上下行。

- **剪下：**
  使用游標選取想要剪下的文字後，按下〔Ctrl〕+〔X〕。表格或是圖片也都適用。

- **複製：**
  使用游標選取想要複製的文字後，按下〔Ctrl〕+〔C〕。表格或是圖片也都適用。

- **貼上：**
  剪下或是複製某個物件後，不用按右鍵叫出選單，直接按下〔Ctrl〕+〔V〕就能貼上。

- **復原上一步：**
  不小心刪掉一大段？按下〔Ctrl〕+〔Z〕就能退回上一步，連續按還可以持續倒退上一個步驟喔！

- **重複輸入：**
  如果需要連續輸入一樣內容，或是按下復原又再次反悔的話，按下〔Ctrl〕+〔Y〕可以重複上一個鍵入的動作。

- **縮排：**
  有時候需要在 Word 裡手動訂定文字的層級，還在用空白鍵實在太落伍了，快按下〔Ctrl〕+〔M〕就可以空出整齊的段落啦！

- **回復縮排：**
  一個不小心縮太多了，沒關係，接續上一個技巧，按下〔Shift〕+〔Ctrl〕+〔M〕，就可以退回去。

- **拼字與文法檢查：**
  原本需要在版面上方切換到【校閱】分頁，再點選工具列上的〔拼字與文法檢查〕，但其實只要按下鍵盤上的〔F7〕就可以囉！

- **全選：**
  想要選取整份文件，可別傻傻地一直往下捲動，按下〔Ctrl〕+〔A〕就可以一秒全選。

- **存檔：**
  使用傳統 Office 文書繕打重要文件時，最好還是隨時存檔比較保險。不用一直到右上角按磁碟片圖示，只要按下〔Ctrl〕+〔S〕就行。

- **開啟舊檔：**
  臨時需要開啟某份文件來參考嗎？從檔案總管出發實在太浪費時間，按下〔Ctrl〕+〔O〕快速開啟舊檔。

- **列印：**
  要開會了！必須趕快印資料，按下〔Ctrl〕+〔P〕可以迅速跳到列印設定的畫面喔！

- **尋找：**
  堪稱是 Oce 內建的「關鍵字搜尋」，按下〔Ctrl〕+〔F〕，將想要查找的關鍵字輸入到搜尋框中，就能更快速的找到資料囉！

- 取代：
  想要把整個文件中的 A 詞替換成 B 詞？按下〔Ctrl〕+〔H〕，在取代框輸入要取代的詞，就不用一個個費心找了。

- 跳至特定段落：
  寫論文或是結案報告時特別需要，按下〔Ctrl〕+〔G〕，設定好查找的項目，就能快速跳到某一頁，或是某個章節。

- 插入超連結：
  貼上網址還算簡單，如果想要插入檔案中的某個位置，按下〔Ctrl〕+〔K〕可以快速開啟超連結設定。

- 頁面分隔設定：
  使用 Word 做報告別再手動 Enter 自製分頁啦，善用〔Ctrl〕+〔Enter〕分頁，就算後來修改、補充內容進去，排版也不會跑掉喔！

- 一秒改英文單字大小寫：
  〔Shift〕+〔F3〕，多按幾次會依序切換成字首大寫、全部大寫、全部小寫。

- 縮放時固定圖片比例：
  有時候插入圖片卻太大張，想要手動縮小又怕破壞比例，按住〔Shift〕就可以固定比例了。另外在 Excel 圖表或是簡報中，按住〔Shift〕可以限制圖片垂直、水平移動，再也不怕圖片沒對齊。

- 從圖片中心點縮放：
  在 Word 文件和簡報中插入圖片，按住〔Ctrl〕再縮放圖片，圖片中心點就不會跑掉了。

- 在 Excel 表格中分行：
  在 Excel 表格中通常只能一行輸入一行，如果想要往下加一行，必須要按下〔Alt〕+〔Enter〕。

- 將整段文字或表格橫列上下交換：
  〔Shift〕+〔Alt〕按住不放，再用〔↑〕或〔↓〕鍵，可以將目前這行文字往上或往下移，表格也可以這樣快速移動位置。

- 快速縮放檢視比例：
  〔Ctrl〕+ 滑鼠滾輪滾動，在所有 Office 程式當中都行得通。

- 在 Excel 中切換工作表：
  按下〔Ctrl〕+〔PageUp〕可以敲換到左邊的工作表；〔Ctrl〕+〔PageDown〕則可以往右切換。

- 快速切換檔案：
  如果同時開了很多個 O ce 檔案要對照資料，可以按下〔Ctrl〕+〔F6〕在同類型的檔案之間切換，或是按住〔Alt〕再連續按〔Tab〕在不同的程式之間切換。

- 簡報頁數隨意跳：
  在投影片播放過程想跳頁，如果知道該簡報的頁數，只要輸入該頁數，再按下〔Enter〕就可以任意跳頁囉！

- 在簡報上畫重點：
  播放簡報時想畫重點，不用再按右鍵叫出選單翻找老半天，按下〔Ctrl〕+〔P〕，將游標切換成筆跡工具，就可以在簡報上寫字。

- 擦掉簡報上的筆跡：
  這個超容易，只要按下〔E〕就可以清除。

- 簡報筆跡換回游標：
  按下〔Ctrl〕+〔A〕就可以把筆跡換回游標了。

2AE047

Word、Excel、PowerPoint 高效爆量 500 招
【Office 365 全新進化版】

作　　　者	PCuSER 研究室
責 任 編 輯	林亞萱
版 面 設 計	江麗姿
封 面 設 計	走路花工作室

行 銷 企 劃	辛政遠
行 銷 專 員	楊惠潔
總 編 輯	姚蜀芸
副 社 長	黃錫鉉

總 經 理	吳濱伶
發 行 人	何飛鵬
出　　　版	電腦人文化
發　　　行	城邦文化事業股份有限公司 歡迎光臨城邦讀書花園 網址：www.cite.com.tw

香港發行所	城邦（香港）出版集團有限公司 香港灣仔駱克道 193 號東超商業中心 1 樓 電話：(852) 25086231 傳真：(852) 25789337 E-mail：hkcite@biznetvigator.com

馬新發行所	城邦（馬新）出版集團 Cite (M) Sdn Bhd 41, Jalan Radin Anum, Bandar Baru Sri Petaling, 57000 Kuala Lumpur, Malaysia. 電話：(603) 90563833 傳真：(603) 90576622 E-mail：services@cite.my

製 版 印 刷	凱林彩印股份有限公司 2024 年 6 月初版 3 刷 Printed in Taiwan
定　　　價	220 元

若書籍外觀有破損、缺頁、裝釘錯誤等不完整現象，想要換書、退書，或您有大量購書的需求服務，都請與客服中心聯繫。

客戶服務中心
地址：115 台北市南港區昆陽街 16 號 7 樓
服務電話：（02）2500-7718、（02）2500-7719
服務時間：週一至週五 9：30 ～ 18：00
24 小時傳真專線：（02）2500-1990 ～ 3
E-mail：service@readingclub.com.tw

※ 詢問書籍問題前，請註明您所購買的書名及書號，以及在哪一頁有問題，以便我們能加快處理速度為您服務。
※ 我們的回答範圍，恕僅限書籍本身問題及內容撰寫不清楚的地方，關於軟體、硬體本身的問題及衍生的操作狀況，請向原廠商洽詢處理。

※ 廠商合作、作者投稿、讀者意見回饋，請至：
FB 粉絲團‧http://www.facebook.com/InnoFair
Email 信箱‧ifbook@hmg.com.tw

國家圖書館出版品預行編目資料

Word、Excel、PowerPoint 高效爆量 500 招（全新 Office365 介面)/PCuSER 研究室著.
-- 初版 . -- 臺北市：電腦人文化出版：城邦文化事業股份有限公司發行 , 民 112.03
　面；　公分

　ISBN 978-957-2049-31-0(平裝)
　1.CST: OFFICE(電腦程式)

312.49O4　　　　　　　　　　　　　　112001805